高职高专"十二五"规划教材

甲醇生产与仿真操作

唐　嘉　向丹波　编

U0389930

化学工业出版社
·北京·

本书以职业技能培养为目标，以甲醇仿真实训系统为平台，针对甲醇生产过程的三个工段，概要介绍基本原理，深入解析生产流程和操作步骤，对学生仿真练习过程中出现的具有普遍性和代表性的问题进行归纳整理，并在各工段学习中设置一些甲醇操作实用技术问答题和必要的思考练习题，以期学生深入理解生产的原理和流程，提高分析、处理问题的能力和操作调节技能。

本书可用做高职高专应用化工技术及相关专业教材，也可用做甲醇生产企业的职工培训教材。

图书在版编目（CIP）数据

甲醇生产与仿真操作/唐嘉，向丹波编．—北京：化学工业出版社，2015.2（2024.2 重印）
高职高专“十二五”规划教材
ISBN 978-7-122-22553-5

Ⅰ.①甲… Ⅱ.①唐…②向… Ⅲ.①甲醇-化工生产-化工过程-计算机仿真-高等职业教育-教材 Ⅳ.①TQ223.12-39

中国版本图书馆 CIP 数据核字（2014）第 295901 号

责任编辑：张双进　窦　臻　　文字编辑：汲永臻
责任校对：李　爽　　装帧设计：王晓宇

出版发行：化学工业出版社（北京市东城区青年湖南街 13 号　邮政编码 100011）
印　　装：北京建宏印刷有限公司
787mm×1092mm　1/16　印张 6　字数 140 千字　　2024 年 2 月北京第 1 版第 8 次印刷

购书咨询：010-64518888　　售后服务：010-64518899
网　　址：http://www.cip.com.cn
凡购买本书，如有缺损质量问题，本社销售中心负责调换。

定　　价：20.00 元

版权所有　违者必究

前　言

“甲醇生产与仿真操作”是应用化工专业继“有机化工生产技术”专业课程之后的工学结合特色课程，是培养学生化工操作技能的重要载体，是“三段渐进，虚实结合”人才培养模式的重要体现。在教学实践中，以北京东方仿真软件技术有限公司开发的水煤浆加压气化工艺和甲醇生产工艺仿真实训系统为平台，采取“概要介绍原理，学生练习为主，教师指导为辅，讲练结合”的教学方法，改变了传统教学中学生单纯受体角色，有效调动了学生的学习积极性，在提高学生操作技能，理解生产原理和流程方面取得了较好的效果。

然而，在教学过程中也暴露出一些问题。由于供学生分析思考的材料准备不充分，加之相当一部分学生自主学习的意识和能力的欠缺，导致学生对化工操作缺乏深刻的理解。具体表现为：按照操作步骤机械地亦步亦趋，对温度、液位、压力等工艺参数偏离正常指标时或浑然不知，或手忙脚乱，一筹莫展，或操作调节不得要领，甚至做出完全错误的调节，个别操作较好的同学也是知其然，不知其所以然，没有建立起系统和整体的工艺思想来分析处理操作中的问题。

鉴于此，四川化工职业技术学院化工系应化教研室尝试编写更适合“甲醇仿真教学”和高职学生实际的化工操作教材，以期有针对性地解决以上问题，深化学生理论与实际结合水平，提高学生的实践动手能力。

本教材编写的总体思路是，以甲醇生产过程的三个工段为基本训练项目，各项目中概要介绍原理；将重点放在生产流程和操作步骤的解析上，融入化工生产的工艺、安全、节能、环保等要求，加深学生对工艺流程和操作步骤的认识和理解，提高操作调节技能；将学生仿真练习过程中出现的具有普遍性和代表性的问题进行归纳整理，引导学生分析原因，找出解决办法和措施，提高学生分析和处理问题的能力，建立系统的工艺思想；各工段中设置一些甲醇操作实用技术问答题和必要的思考练习题，由于相当一部分题目就来自于生产企业，具有化工生产的共性，学习和完成这些题目不仅可以加深对原理和操作的理解，也能提高理论与实际结合，校企对接水平。北京东方仿真软件技术有限公司甲醇仿真系统中设置有事故处理训练部分，这部分内容的学习对于学生理解工段内部和工段之间的联系，提高化工生产的整体性和系统性认识仍然大有益处，由于学时数的限制，也不可能对甲醇生产进行全方位深入培训，因而附列于后，以便学生课外学习。

本教材由四川化工职业技术学院唐嘉、向丹波编写，唐嘉统稿，四川泸天化工股份公司甲醇装置高级工程师王焰审核。教材编写过程中得到了化工系应用化工教研室各位老师的大力支持，泸天化公司的技术人员也提出了很多有益的建议，在此一并致谢！

由于编者水平有限，书中难免存在不妥之处，恳请读者不吝指正。

编者

2014 年 12 月

目　　录

绪　论

一、甲醇的性质

甲醇，分子式 CH_3OH，是饱和醇中最简单的一元醇，因为它最早是由木材和木质素干馏制得，故俗称“木醇”、“木精”。

1. 甲醇的物理性质

甲醇是一种透明、无色、易燃、有毒的液体，具有与乙醇相似的气味。熔点－97.8℃，沸点64.8℃，闪点12.22℃，自燃点47℃，相对密度0.7915，爆炸极限6%～36.5%，能与水、乙醇、乙醚、苯、丙酮和大多数有机溶剂相混溶。

2. 甲醇的化学性质

甲醇不具酸性，其分子组成中虽然有碱性极微弱的羟基，但也不具有碱性，对酚酞和石蕊均呈中性。甲醇可以在催化剂作用下发生氧化、脱水、脱氢、酯化、羰基化等反应。

二、甲醇的用途

1. 基本原料和重要的溶剂

甲醇是多种有机产品的基本原料和重要的溶剂，广泛用于有机合成，染料、医药，涂料和国防等工业。甲醇在有机合成工业中，是仅次于烯烃和芳烃的重要基础有机原料。

2. 人工合成蛋白的原料

甲醇是较好的人工合成蛋白的原料，蛋白转化率较高，发酵速度快，无毒性，价格便宜。

3. 清洁燃料

甲醇是容易输送的清洁燃料，可以单独或与汽油混合作为汽车燃料，用它作为汽油添加剂可起节约芳烃，提高辛烷值的作用，汽车制造业将成为耗用甲醇的巨大部门，由甲醇转化为汽油方法的研究成果，从而开辟了由煤转换为汽车燃料的途径。

三、甲醇的生产背景

（一）国内外生产概况

1923年，德国巴登苯胺-纯碱公司（Badische Anilin and Soda Fabrik，BASF）的两位科学家米塔许（Mittash）和施耐德（Schneider）试验了用一氧化碳和氢气，在300～400℃的温度和30～50MPa的压力下，通过锌铬催化剂的催化作用合成甲醇，并于当年首先实现了甲醇合成的工业化，建成年产300t甲醇的高压合成法装置，这比合成氨工业生产迟了约十年。从20世纪20年代至60年代中期，所有甲醇装置均采用高压法，采用锌铬催化剂。1966年英国帝国化学工业公司（I. C. I）研制成功铜基催化剂，并开发了低压工艺，即I. C. I工艺。1971年，德国鲁奇公司开发了另一种低压合成甲醇工艺，简称Lurgi工艺。20世纪70年代中期以后，世界上新建和扩建的甲醇装置几乎都采用低压法。甲醇合成与氨合成的过程有许多相似之处，氨合成中所获得的高压操作的经验无疑对甲醇催化过程的发展是有帮助的。这一人工合成方法得到很快的发展，50多年来，几乎成为工业上生产甲醇的唯一方法，生产工艺不断地得到改进，生产规模日产增大，扩大了甲醇的消费范围。

我国的甲醇生产始于1957年，20世纪50年代在吉林、兰州和太原等地建成了以煤或焦炭为原料来生产甲醇的装置。60年代建成了一批中小型装置，并在合成氨工业的基础上开发了联产法生产甲醇的工艺。70年代四川维尼纶厂引进了一套以乙炔尾气为原料生产甲醇的95kt/a低压法装置，采用英国I. C. I技术。1995年12月，由化工部第八设计院和上海化工设计院联合设计的200kt/a甲醇生产装置在上海太平洋化工公司顺利投产，标志着我国甲醇生产技术向大型化和国产化迈出了新的一步。2000年，杭州林达公司开发了拥有完全自主知识产权的JW低压均温甲醇合成塔技术，打破长期以来被I. C. I、Lurgi等国外少数公司所垄断的局面，并在2004年获得国家技术发明二等奖。2005年，该技术成功应用于国内首家焦炉气制甲醇装置上。

（二）主要生产方法

1. 木质素干馏法

早期用木材或木质素干馏法制甲醇的方法，今天在工业上已经被淘汰了。

2. 氯甲烷水解法

氯甲烷水解法也可以生产甲醇，其水解反应如下：

$$CH_3Cl+H_2O \xrightarrow{NaOH} CH_3OH+HCl$$

但因水解法价格昂贵。虽然水解法在一百多年前就被发现了，但没有得到工业上的应用。

3. 甲烷部分氧化法

甲烷部分氧化法也可以生成甲醇，其反应式如下：

$$2CH_4+O_2 \longrightarrow 2CH_3OH$$

这种制甲醇的方法工艺流程简单，建设投资节省，且将便宜的原料甲烷变成贵重的产品甲醇。但是，这种氧化过程不易控制，常因深度氧化生成碳的氧化物和水，而使原料和产品受到很大损失，致使甲醇的总收率不高。由于甲醇收率不高（30%），虽然已有运行的工业试验装置，甲烷部分氧化制甲醇的方法仍未实现工业化。但它具有上述优点，国外在这方面的研究一直没有中断，应该是一个很有工业前途的制取甲醇的方法。

4. 联醇工艺

中国所独创的联醇工艺，实际上也是一种中压法合成甲醇的方法。所谓联醇即与合成氨联合生产甲醇。联醇生产是在10.0～13.0MPa压力下，采用铜基催化剂，串联在合成氨工艺中，是我国合成氨生产工艺开发的一种新的配套工艺，具有中国特色，既生产氨又生产甲醇，达到实现多种经营的目的。目前联醇产量约占我国甲醇总产量的40%。

5. 合成气生产甲醇

甲醇生产流程如图0-1所示。

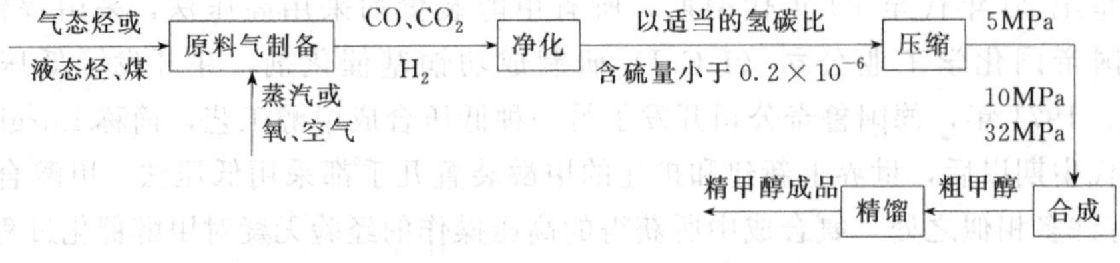

图0-1 甲醇生产流程框图

目前工业上几乎都是采用一氧化碳、二氧化碳加压催化氢化法合成甲醇。主要包括原料气制备、原料气净化、压缩、甲醇合成、粗甲醇精制五个部分。

碳的氧化物与氢合成甲醇的反应式如下：

$$CO+2H_2 \rightleftharpoons CH_3OH$$

$$CO_2+3H_2 \rightleftharpoons CH_3OH+H_2O$$

以上反应是在铜系催化剂或锌铬催化剂存在下，在（50.66～303.98）×10^5Pa（50～300atm），温度240～400℃下进行的。显然，一氧化碳与氢合成仅生成甲醇，而二氧化碳与氢合成甲醇需多消耗一分子氢，多生成一分子水。但两种反应都生成甲醇，工业生产过程中，一氧化碳和二氧化碳的比例要视具体工艺条件而定。

项目一　水煤浆加压造气工段

德士古水煤浆气化以水煤浆为原料，以纯氧为气化剂，在德士古气化炉内高温高压的条件下，进行气化反应，制得以 H_2+CO 为主要成分的粗合成气，是目前先进的洁净煤气化技术之一。

1. 主要的技术优势

① 可用于气化的原料范围比较宽。除可气化从褐煤到无烟煤的大部分煤种外，还可气化石油焦、煤液化残渣、半焦、沥青等原料，后来又开发了气化可燃垃圾、可燃废料（如废轮胎）的技术。

② 与干粉煤进料相比，更安全和容易控制。

③ 工艺技术成熟，流程简单，设备布置紧凑，运转率高。气化炉结构简单，炉内没有机械传动装置，操作性能好，可靠程序高。

④ 操作弹性大，碳转化率高。碳转化率一般可达 95%～99%，负荷调整范围为 50%～105%。

⑤ 粗煤气质量好，用途广。由于气化温度高，粗煤气中有效成分（H_2+CO）可达 80%左右，除含少量甲烷外不含其他烃类、酚类和焦油等物质，后续净化工艺简单。产生的粗煤气可用于生产合成氨、甲醇、羰基化学品、醋酸、醋酐等，也可用于供应城市煤气和联合循环发电。

⑥ 可供选择的气化压力范围宽。气化压力可根据工艺需要进行选择，目前商业化装置的操作压力等级在 2.6～6.5MPa 之间，中试装置的操作压力最高已达 8.5MPa，为满足多种下游工艺气体压力的需求提供了基础。

⑦ 单台气化炉的投煤量选择范围大。根据气化压力等级及炉径的不同，单炉投煤量一般在 400～1000t/d（干煤），在美国 Tampa 气化装置，最大气化能力达 2200t/d（干煤）。

⑧ 气化过程污染少，环保性能好。高温高压气化产生的废水所含有害物极少，少量废水经简单生化处理后可直接排放；排出的粗、细渣既可做水泥掺料或建筑材料的原料，也可深埋于地下，对环境没有其他污染。

2. 突出的问题

① 炉内耐火砖寿命短，更换耐火砖费用大，增加了生产运行成本。

② 喷嘴使用周期短，一般使用 60～90d 就需要更换或修复，停炉更换喷嘴对生产连续运行或高负荷运行有影响，一般需要有备用炉，这增加了建设投资。

③ 考虑到喷嘴的雾化性能及气化反应过程对炉砖的损害，气化炉不适宜长时间在低负荷下运行，经济负荷应在 70%以上。

④ 水煤浆含水量高，使冷煤气效率和煤气中的有效气体成分（H_2+CO）偏低，氧耗、煤耗均比干法气流床要高一些。

⑤ 对管道及设备的材料选择要求严格，一次性工程投资比较高。

第一节 生 产 原 理

水煤浆通过喷嘴喷入气化炉后，在极短的时间内完成了煤浆水分的蒸发、煤的热解、燃烧和一系列转化反应。

在德士古气化炉内进行的反应相当复杂，一般认为分以下三步进行。

1. 煤的裂解和挥发分的燃烧

水煤浆和纯氧进入高温气化炉后，水分迅速蒸发为水蒸气。煤粉发生热裂解并释放出挥发分。裂解产物及易挥发分在高温、高氧浓度下迅速完全燃烧，同时煤粉变成煤焦，放出大量的反应热。因此，在合成气中不含有焦油、酚类和高分子烃类。这个过程进行得相当短促。

2. 燃烧和气化反应

煤裂解后生成的煤焦一方面和剩余的氧气发生燃烧反应，生成 CO、CO_2 等气体，放出反应热；另一方面，煤焦又和水蒸气、CO_2 等发生化学反应，生成 CO、H_2。

3. 气化反应

经过前面两步的反应，气化炉中的氧气已基本消耗殆尽。这时主要进行的是煤焦、甲烷等与水蒸气、CO_2 发生的气化反应，生成 CO 和 H_2。

气化炉发生的主要反应如下：

一次反应：

$$C+O_2 = CO_2 \qquad Q=394.1kJ/mol$$

$$C+H_2O(g) = CO+H_2 \qquad Q=-135.0kJ/mol$$

$$C+\frac{1}{2}O_2 = CO \qquad Q=110.4kJ/mol$$

$$C+2H_2O(g) = CO_2+2H_2 \qquad Q=-96.6kJ/mol$$

$$C+2H_2 = CH_4 \qquad Q=84.3kJ/mol$$

$$H_2+\frac{1}{2}O_2 = H_2O \qquad Q=245.3kJ/mol$$

二次反应：

$$C+CO_2 = 2CO \qquad Q=-173.3kJ/mol$$

$$2CO+O_2 = 2CO_2 \qquad Q=566.6kJ/mol$$

$$CO+H_2O(g) = CO_2+H_2 \qquad Q=38.4kJ/mol$$

$$CO+3H_2 = CH_4+H_2O(g) \qquad Q=219.3kJ/mol$$

$$3C+2H_2O = CH_4+2CO \qquad Q=-185.6kJ/mol$$

$$2C+2H_2O = CH_4+CO_2 \qquad Q=-12.2kJ/mol$$

可能发生的副反应：

$$COS+H_2O = H_2S+CO_2$$

$$N_2+3H_2 = 2NH_3$$

$$C+O_2+H_2 = HCOOH$$

$$N_2+H_2+2C = 2HCN$$

第二节 工艺条件

水煤浆加压气化属于气流床反应，影响气化操作和气化工艺指标的主要参数有：水煤浆浓度、氧/煤比、煤粉粒度分布及气化炉操作温度、压力等。

1. 水煤浆浓度

水煤浆的浓度及成浆性能，对气化率、煤气质量、原料消耗、煤浆的输送及雾化等有很大的影响。

水煤浆浓度的提高，则进入气化炉的水分相对少了，减少了蒸发水所消耗的热量，因而有效气体成分 $CO+H_2$ 的产量增加，气化强度和气化效率均得到提高，能耗下降。

为了提高煤浆的可泵送性和稳定性，在制备高浓度水煤浆时，煤质是关键因素，而煤粉粒度的分布又是重要的影响因素，添加剂是改善流动性及堆积效率的一种有力措施。煤的内在水分含量低、粒度分布宽，将有利于高浓度水煤浆的制备。适宜的添加剂还能改变煤浆的流变特性，且煤粉的粒度越细，添加剂的影响越明显。

2. 氧/煤比

氧/煤比是指气化过程中氧耗量与煤中碳消耗量的比值。氧/煤比越高，气化炉温度也越高，部分碳将完全燃烧，生成 CO_2，或不完全燃烧生成 CO，又进一步氧化成 CO_2，从而使工艺气中 CO_2 含量升高，有效气体成分 $CO+H_2$ 降低，CH_4 含量会降低；反之，氧/煤比越低，气化温度就越低，CO_2 含量就会降低，工艺气中有效气体成分就会升高，但 CH_4 含量就会升高，碳的转化率就会降低，有可能造成气化排渣困难，影响气化炉正常运行。

可以通过 CH_4 含量、排放粗渣中的残炭含量、粗渣中的 Cr_2O_3 含量以及所排粗渣的形状来判断气化炉炉膛温度。氧/煤比一般控制在 480～520。

3. 气化反应温度

反应温度高，能提供较多的热量，对气化反应有利，影响合成气各个组分的含量。但反应温度过高，会极大地缩短气化炉内衬耐火砖的使用寿命，影响气化装置的长周期运行。因此，选取适当的气化温度，并在气化过程中维持温度在一定的范围内波动是极为重要的。目前，具体的气化温度是依据灰渣的黏温特性、原料煤的化学活性及耐火砖的性能考虑而选择的，良好工况时的气化温度为 1000～1350℃。

4. 气化压力

德士古煤气化反应是体积增大的反应，提高压力对化学平衡不利。但增加气化压力，反应物浓度增加，反应速率加快，提高了气化效率；也延长了反应物在炉内的停留时间，使碳转化率提高。同时，加压气化有利于提高水煤浆的雾化质量，减少设备投资，提高单位容积产气率，并降低后工序气体压缩功耗。

德士古工艺的最高气化压力可达 10.0MPa。一般根据煤气的最终用途，选择适宜的气化压力。如用于合成甲醇则为 6～7MPa 为适宜，这样后面的工序不需用增压。

5. 对煤种的要求

(1) 水分 固体原料中水分以三种形式存在：游离水、吸附水、结合水。游离水是在开采、运输和储存时带入的水分，也叫外在水分；吸附水是以吸附的方式与原料结合的水分，也叫内在水分；化合水是指原料中的结晶水。工业中只分析游离水和吸附水，两者之和为总水。

原料中水分含量高，不仅降低有效成分，而且水分汽化带走大量热量，直接影响炉温，降低发气量，增加煤耗。因此，造气要求入炉煤水分要低，一般水分<5%。

(2) 挥发分　挥发分是半焦或煤在隔绝空气的条件下，加热而挥发出来的烃类化合物，在氢化过程中能分解变成氢气、甲烷和焦油蒸气等。原料中挥发分含量高，则制出的半水煤气中甲烷和焦油含量高。

① 甲烷含量高，降低了外送有效气体含量，增加合成放空量，直接影响原料消耗定额和甲醇的合成能力。

② 焦油含量高，煤粒相互黏结成焦拱，破坏透气性，增大床层阻力。妨碍气化剂均匀分布，炉况会逐步恶化，严重时灭炉打疤。

③ 焦油含量高，易沉积在管道、设备填料和罗茨机转子和机内壳上，更严重时，会沉积在一段压缩机入口管边和活门上，影响输气量，给生产带来极大不利。因此，生产中要求挥发分要低，一般挥发分<6%（固定床）。

(3) 灰分　灰分是固体燃料完全燃烧后所剩余残留物。一般要求灰分<15%。

① 灰分高，相对降低固定碳含量，降低煤气发生炉的生产能力。

② 灰分太高，增加排灰次数，增加运费和管理费。

③ 灰分太高，由于排灰量大，增加排灰设备磨损。

④ 灰分太高，除灰所排出碳增加，消耗会增大。

⑤ 灰分高，燃料层移动快，工况不稳定，生产不稳定。

(4) 硫含量　指煤焦中硫化物的总和。煤中硫含量50%～70%进入水煤气中，20%～30%的硫随着灰渣一起排出炉外。其中煤气中的硫90%左右呈硫化氢存在，10%左右呈有机硫存在。硫化氢存在不仅腐蚀设备管道，而且会使后序工段的催化剂中毒，因此要求含量<1%。

(5) 固定碳　指煤焦中除去水分、挥发分、灰分和硫分以外，其余可燃的物质——碳。它是煤焦中的有效成分，其发热值又分为高位发热值和低位发热值。为了比较煤的质量，便于计算煤的消耗，国家规定低位发热值为29270kJ/kg的燃料为标准煤，其固定碳含量约84%。

(6) 灰熔点　由于灰渣的构成不均匀，因而不可能有固定的灰熔点，只有熔化范围。通常灰熔点用三种温度表示，即变形温度（t_1）、软化温度（t_2）、熔融温度（t_3）。生产中灰熔点一般指t_2，它是决定炉温控制高低的重要指标。灰熔点低，容易结疤，严重时影响正常生产。灰分中，$(SiO_2+Al_2O_3)/(Fe_3O_4+CaO+MgO)$＝酸/碱(摩尔比)，比值越大，灰熔点越高，硫含量越高，灰熔点越低，一般无烟煤的灰熔点约为1250℃左右。故气化层温度一般小于1200℃。

(7) 粒度　固体原料粒度大小和均匀性也是影响气化指标的重要因素之一。

① 粒度小，与气化剂（蒸汽、空气）接触面积大，气化效率和煤气质量好。但粒度太小，会增加床层阻力，不仅增加电耗，而且煤气带走煤渣也相应增多，这样会使煤气管道、分离器和换热器受到的机械磨损加大，同时煤耗也会增加。

② 粒度大，则气化不完全，当原料表面已反应完全时，内部还未必开始反应，所以灰渣中碳含量会增多，消耗定额增加，易使气化层上移，严重时煤气中氧含量会增高。

③ 粒度不均匀，由于气流分布不均匀，会发生燃料局部过热，结疤或形成风洞等不良影响，一般无烟煤不超过120mm，焦炭不超过75mm，生产中最好将煤焦分成三挡，小15～30mm、中30～50mm、大50～120mm，分别投料，并根据不同粒度调节吹风强度。

(8) 机械强度　固体原料的机械强度指原料抗破碎能力。机械强度差的燃料，在运输、装卸和入炉后易破碎成小粒和煤屑，造成床层阻力增加，工艺不稳定，发气量下降，而且因煤气夹带固体颗粒增多，加重管道和设备磨损，降低了设备的使用寿命，也影响废热的正常回收，因此应选用机械强度高的固体燃料。

(9) 热稳定性　固体原料热稳定性是指：燃料在高温作用下，是否容易破碎的性质。热稳定性差的原料，加热易破碎，增加床层阻力，难气化，碳损大，设备磨损也大，最好选热稳定性较好的原料。

(10) 化学活性　固体原料的化学活性是指其与气化剂如氧、水蒸气、二氧化碳反应的能力。化学活性高的原料，有利于气化能力和气体质量的提高。

总之，选用什么固体原料制取水煤气，要与本厂实际情况紧密结合，应考虑原料的来源、风机的性能、工艺配套和操作技术等诸多因素。

第三节　流程分析

水煤浆加压气化的工艺流程主要划分为制浆系统、合成气系统、烧嘴冷却系统、闪蒸及水处理系统和锁斗系统。

一、制浆系统

由煤贮运系统来的小于10mm的碎煤进入煤仓V1101后，经称量给料机W1101后，送入磨煤机M1101。

添加剂从添加剂槽V1202A通过添加剂泵P1203送至磨煤机M1101中。添加剂槽V1202A底部设有蒸汽盘管，在冬季维持添加剂温度在20～30℃，以防止冻结。

工艺水（新鲜水、灰渣过滤液）通过磨机给水阀FV1101来控制水量，送至磨煤机M1101。

煤、工艺水和添加剂在磨煤机M1101中，研磨成一定粒度分布的浓度60%～65%合格的水煤浆，水煤浆经滚筒筛S1101滤去3mm以上的大颗粒后，溢流至磨煤出料搅拌槽X1101中，由磨煤机出口槽泵P1101A，送至煤浆槽V1201。磨煤出料搅拌槽X1101和煤浆槽V1201均设有搅拌器，使煤浆始终处于均匀悬浮状态（如图1-1所示）。

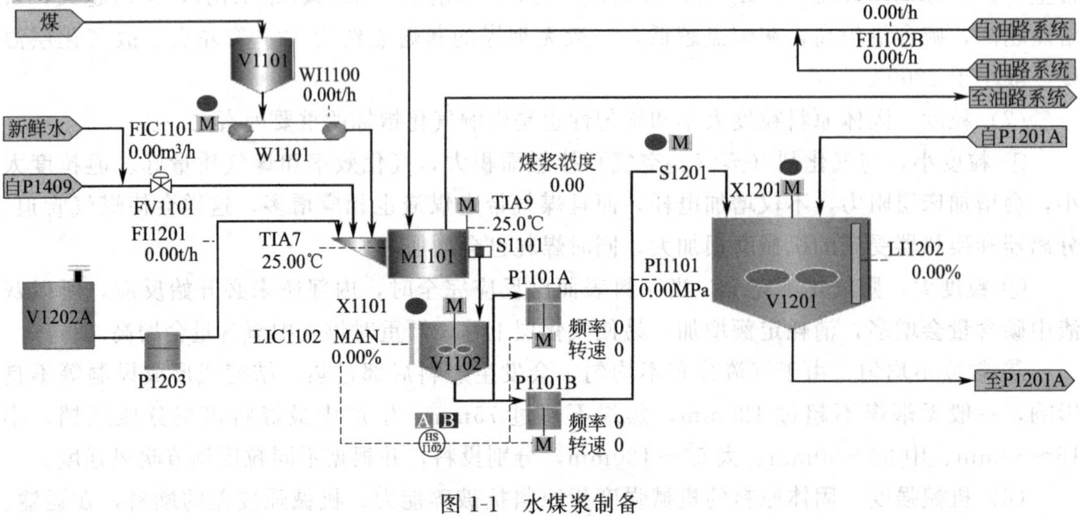

图1-1　水煤浆制备

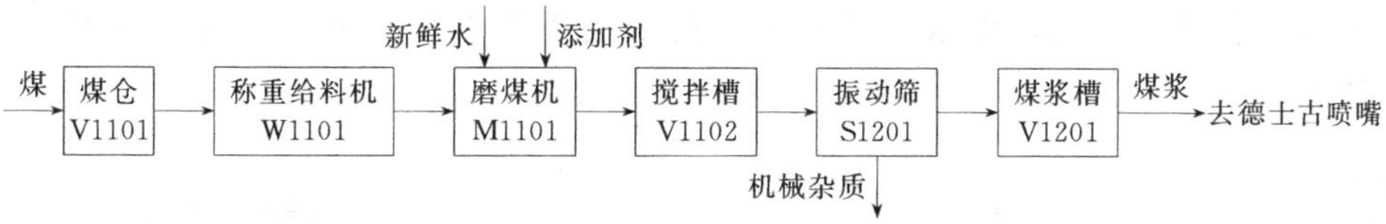

图 1-2 水煤浆制备流程框图

二、合成气系统

来自煤浆槽 V1201 浓度为 60%～65%的煤浆，由煤浆给料泵 P1201A 加压，投料前经煤浆循环阀 HV1201A 循环至煤浆槽 V1201，投料后经煤浆切断阀 XV1201 送到德士古喷嘴的内环隙（如图 1-2 所示）。

空分装置送来的纯度为 99.6%的氧气经氧气缓冲罐，通过 HV1301A 进入本工段，由氧气总管放空控制阀 HV1303A 控制氧气压力为 6.2～6.5MPa。在投料前用氧气调节阀 FV1303A 控制氧气流量，经氧气放空阀 HV1303A 放空。投料后由氧气调节阀 FV1303A 控制氧气流量送入德士古喷嘴（如图 1-3 所示）。

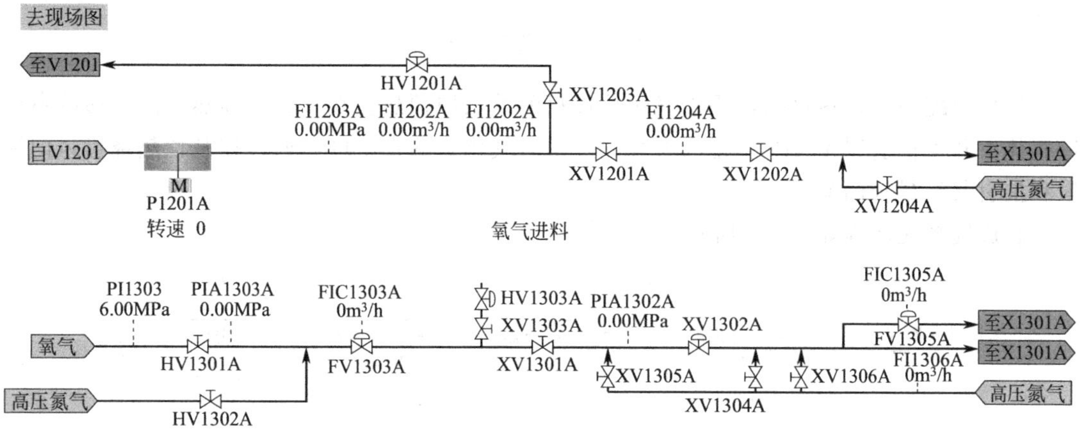

图 1-3 煤浆、氧气给料

水煤浆和氧气在德士古烧嘴中充分混合雾化后进入气化炉 R1301 的燃烧室中，在压力约为 6.5MPa，温度为 1300～1500℃的条件下，迅速完成气化反应，生成以氢气和一氧化碳为主的粗合成气。粗合成气和熔融态灰渣一起向下，落入激冷室底部。粗合成气从下降管和导气管的环障上升，出激冷室去洗涤塔 T1401。在激冷室合成气出口处设有工艺冷凝液冲洗，以防止灰渣在出口管累积堵塞。冲洗水由冷凝液冲洗水调节阀 FV1408 控制冲洗水量。

激冷水经激冷水过滤器滤去可能堵塞激冷环的大颗粒，送入位于下降管上部的激冷环。激冷水呈螺旋状沿下降管壁流下，进入激冷室。

从激冷室出来被水汽饱和的合成气与从水洗塔 T1401 底部出来的黑水依次进入混合器 X1403、旋风分离器 V1408，大部分固体颗粒沉降到旋风分离器 V1408 底部与合成气分离，合成气进入水洗塔 T1401 继续洗涤除去煤气中的细末及未反应的炭粒，然后离开水洗塔 T1401 进入变换工序。

激冷室底部黑水，经黑水排放阀 FV1307 送入黑水处理系统，激冷室液位控制在

60%～65%。在开车期间，黑水经黑水开工排放阀 VD1321 排向真空闪蒸罐 V1402（如图 1-4 所示）。

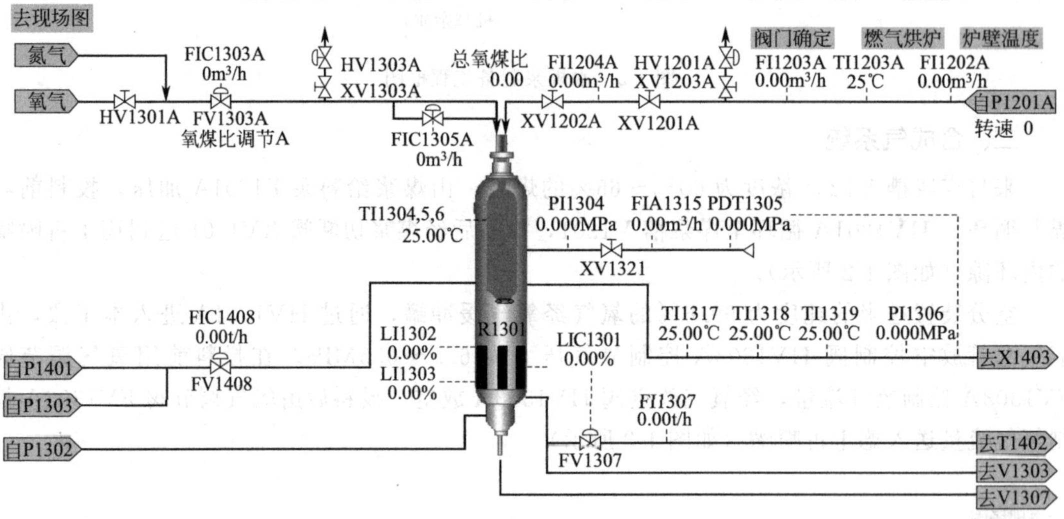

图 1-4　气化炉造气

气化炉配备了预热烧嘴，用于气化炉投料前的烘炉预热。在气化炉预热期间，激冷室出口气体由开工抽引器 VA1304 排入大气。开工时气化炉的真空度，通过控制预热烧嘴风门风量和抽引蒸汽量来调节。

合成气系统流程如图 1-5 所示。

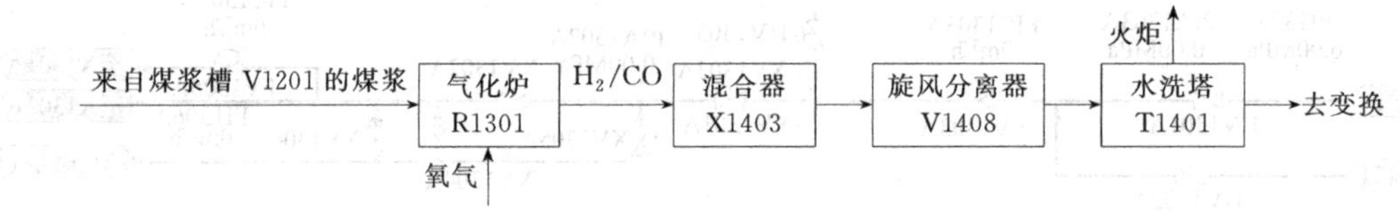

图 1-5　合成气系统流程框图

三、烧嘴冷却系统

德士古烧嘴在 1300℃的高温下工作，为了保护烧嘴，在烧嘴上设置了冷却水盘管和头部水夹套。脱盐水经烧嘴冷却水槽 V1301 的液位调节阀 LV1306 控制烧嘴冷却水槽的液位在 70%，烧嘴冷却水槽的水经烧嘴冷却水泵 P1301A 加压后，送至烧嘴冷却水冷却器 E1301 用循环水冷却，经烧嘴冷却水进口切断阀 VA1804A 送入烧嘴冷却水盘管，出烧嘴冷却水盘管的冷却水经出口切断阀 VD1811A 进入烧嘴冷却水分离罐 V1306，分离掉气体后靠重力流入烧嘴冷却水槽。烧嘴冷却水分离罐 V1306 通入低压氮气，作为 CO 分析的载气，由放空管排入大气。在放空管上安装 CO 监测器，通过监测 CO 含量来判断烧嘴是否被烧穿，正常 CO 含量为 0。

烧嘴冷却水系统设置了一套单独的联锁系统，在判断烧嘴头部水夹套和冷却水盘管泄漏的情况下，气化炉必须立即停车，以保护德士古烧嘴不被损坏。烧嘴冷却水泵 P1301A 设置了自启动功能，当出口压力低则备用泵自启动。如果备用泵启动后仍不能满足要求，则出口压力低使消防水阀打开。如果还不能满足要求即烧嘴冷却水总管压力低，事故冷却水槽的事故阀打开向烧嘴提供烧嘴冷却水（如图 1-6，图 1-7 所示）。

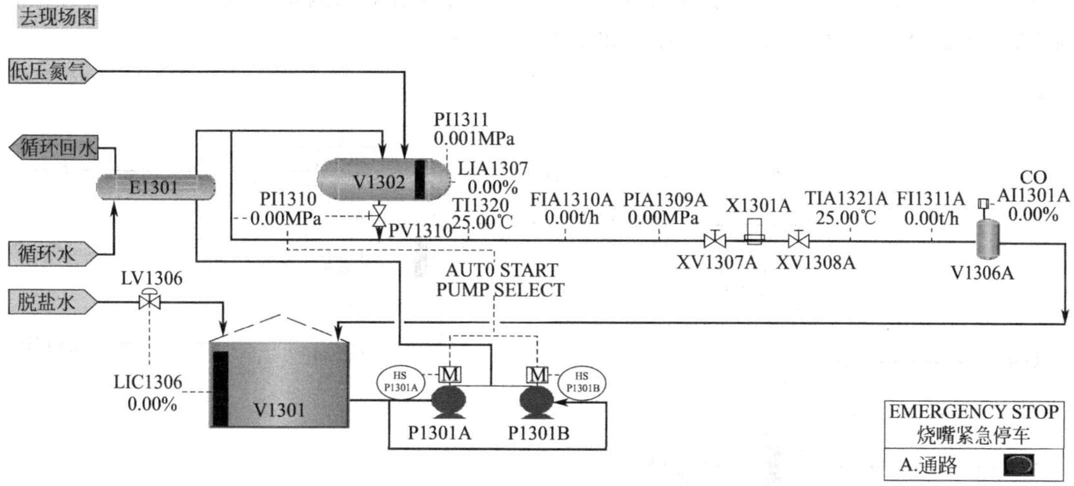

图 1-6　烧嘴冷却系统图

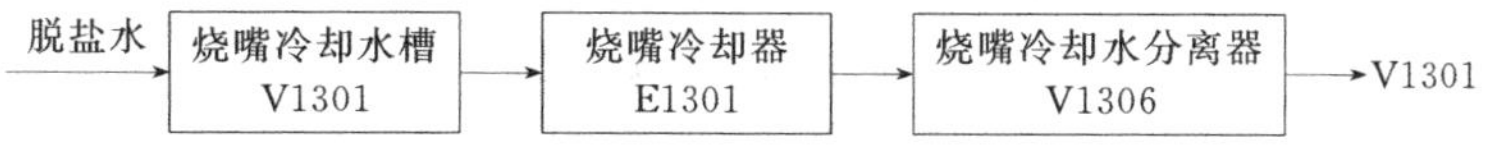

图 1-7　烧嘴冷却系统框图

四、闪蒸及水处理系统

来自气化炉激冷室和水洗塔 T1401 的黑水，分别经黑水排放阀 FV1307、FV1406 减压后，进入蒸发热水塔 T1402。高温液体在罐内突然降压膨胀，闪蒸出水蒸气及二氧化碳、硫化氢等气体，同时黑水被浓缩，温度降低。从蒸发热水塔 T1402 顶部出来的闪蒸气，经酸气冷凝器 E1401 降温后，进入酸气分离罐 V1401 中分离出来，冷凝液送到灰水槽 V1418。分离出来的二氧化碳、硫化氢等不凝性气体，送至火炬（如图 1-8 所示）。

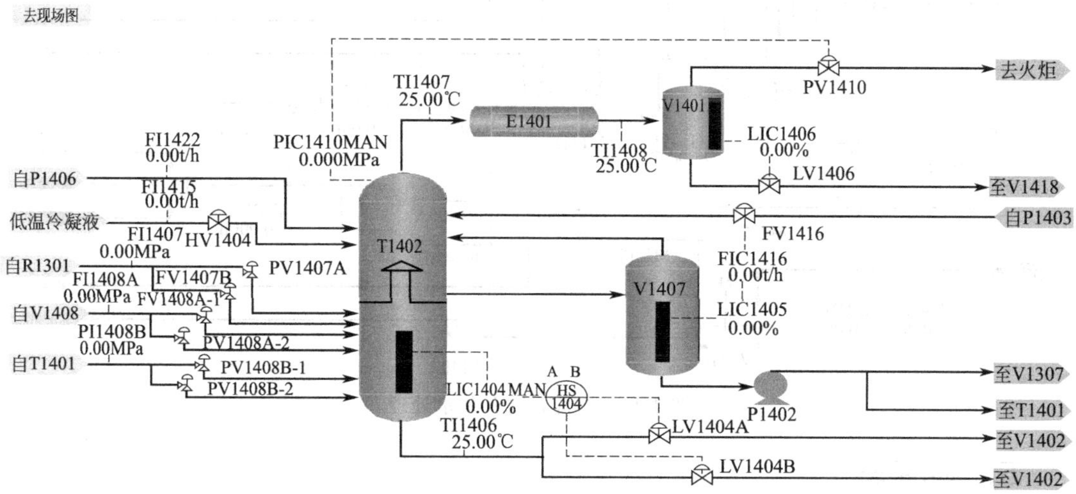

图 1-8　黑水一次分离

黑水经蒸发热水塔 T1402 后固体含量有所增高，然后进入真空闪蒸罐 V1402，进行第二级减压膨胀，真空闪蒸罐 V1402 顶部出来的闪蒸气经真空闪蒸冷凝器 E1402 冷凝后，进入真空闪蒸分离罐 V1403。真空闪蒸分离罐 V1403 顶部出来的闪蒸气放空，冷凝液经液位调节阀 LV1408 后进入灰水槽 V1418（如图 1-9 所示）。

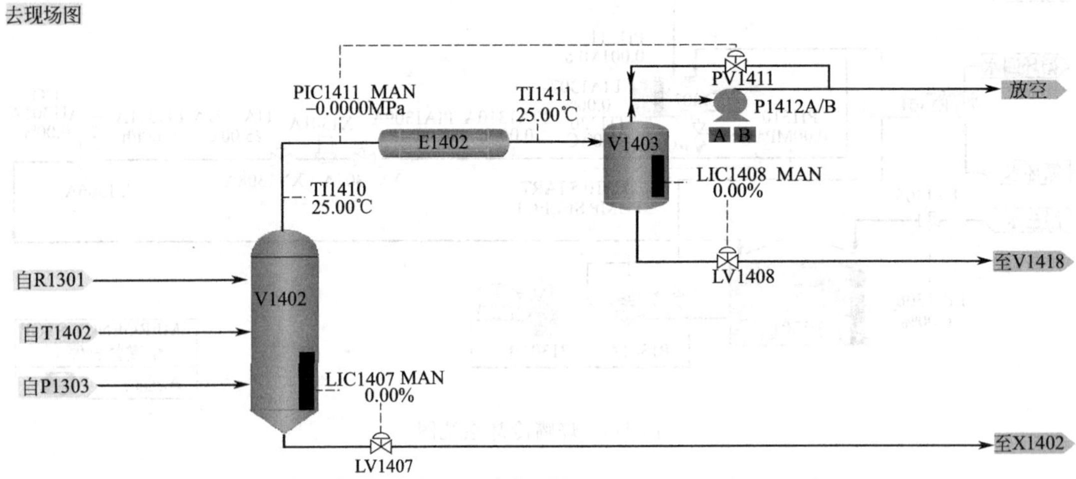

图 1-9 黑水二次分离

从蒸发热水塔 T1402 和真空闪蒸罐 V1402 底部出来的浓缩的黑水分别经液位调节阀 LV1404A、LV1407 自流入澄清槽 V1419。为了加速在澄清槽 V1419 中的沉降速度，在流入澄清槽 V1419 前在含有絮凝剂混合器 X1402 中进行混合。澄清槽 V1419 沉降下来的含有大量细渣的黑水，通过澄清槽底物泵 P1407 送至过滤机，滤液进滤液槽 V1416，补充新鲜水后经滤液泵 P1409 送至磨煤机 M1101。滤饼运出界外。

澄清槽 V1419 顶部的澄清水溢流到灰水槽 V1418 循环使用（如图 1-10，图 1-11 所示）。

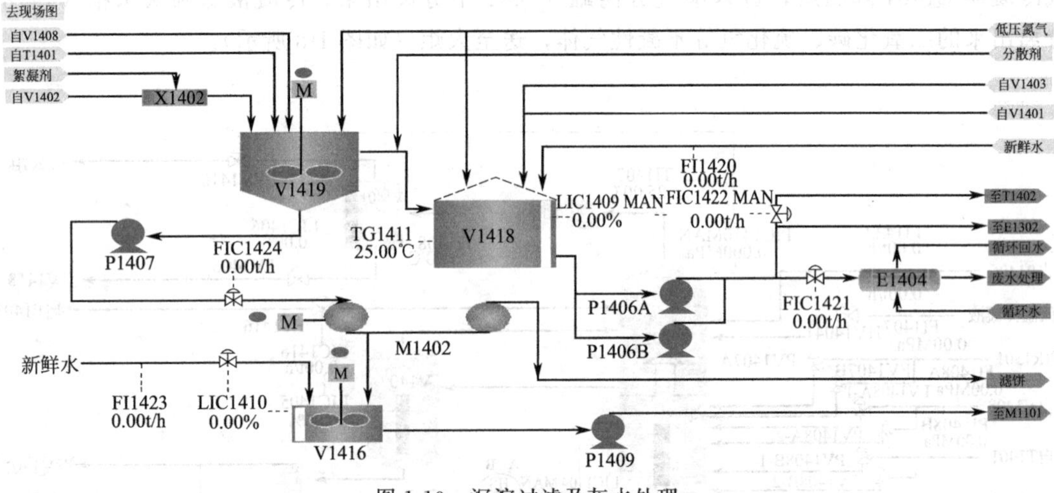

图 1-10 沉淀过滤及灰水处理

五、锁斗系统

气化炉激冷室底部的渣与水，在收渣阶段经锁斗收渣阀 XV1311、锁斗安全阀 XV1312 进入锁斗 V1307。锁灰循环泵 P1302 从锁斗顶部抽取相对洁净的水送回气化炉的激冷室底部，帮助将渣冲入锁斗。

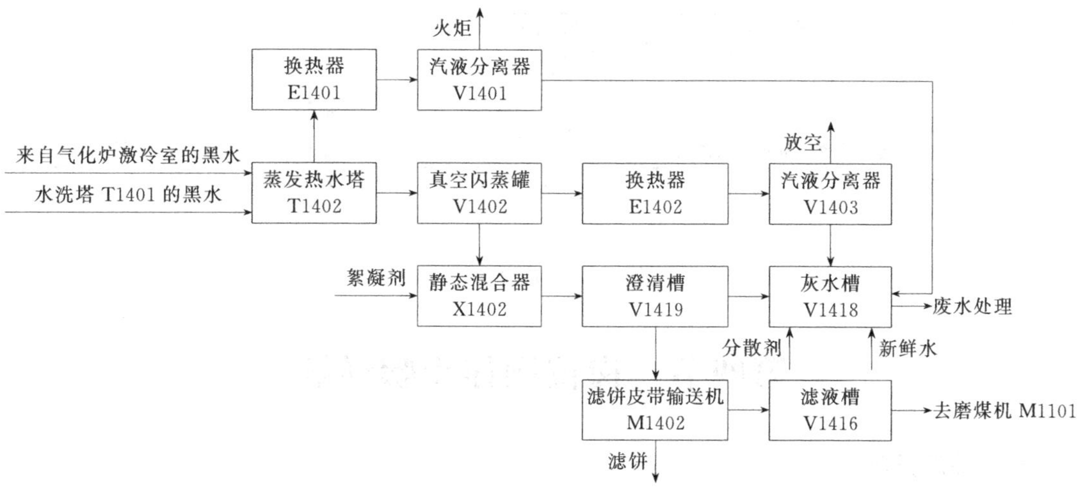

图 1-11 闪蒸及水处理系统框图

锁斗循环分为泄压、清洗、排渣、充压、收渣五个阶段，由锁斗程序自动控制。循环时间一般为 30min，可以根据具体情况设定。锁灰程序启动后，锁斗泄压阀 XV1315 打开，开始泄压，锁斗内压力泄至锁斗冲洗水罐 V1308，捞渣机溢流阀关闭。泄压后，泄压管线清洗阀 XV1316 打开清洗泄压管线，清洗时间直到清洗阀关闭。锁斗冲洗水阀 XV1314 和锁斗排渣阀 XV1313 打开，开始排渣。当冲洗水罐 V1308 液位低时，锁斗排渣阀 XV1313、锁斗泄压阀 XV1315 和冲洗水阀 XV1314 关闭，排渣结束。锁斗充压阀 XV1317 打开，用高压灰水泵或激冷水泵来的灰水充压，当气化炉与锁斗压差低时，锁斗收渣阀打开，锁斗充压阀关闭。锁斗循环泵 P1302 进口打开，循环阀关闭，锁斗开始收渣，收渣计时器开始计时。当收渣时间到锁斗循环泵循环阀打开。锁斗收渣阀关闭，泄压阀打开，锁斗程序重新进入下一个循环。

从灰水槽 V1418 来的灰水，一部分送到蒸发热水塔 T1402 作为冲洗水，另一部分由低压灰水泵 P1406A 加压经锁斗冲洗水冷却器 E1302 后，送入锁斗冲洗水罐 V1306 作为锁斗排渣时的冲洗水。锁斗排出的渣水排入捞渣机 M1301，干渣捞出用汽车外运，灰水排入渣水池 V1303 经过渣水泵 P1303 送入真空闪蒸罐 V1402 或到气化炉的激冷室。多余部分经废水冷却器 E1404 冷却后送入生化处理工序（如图 1-12，图 1-13 所示）。

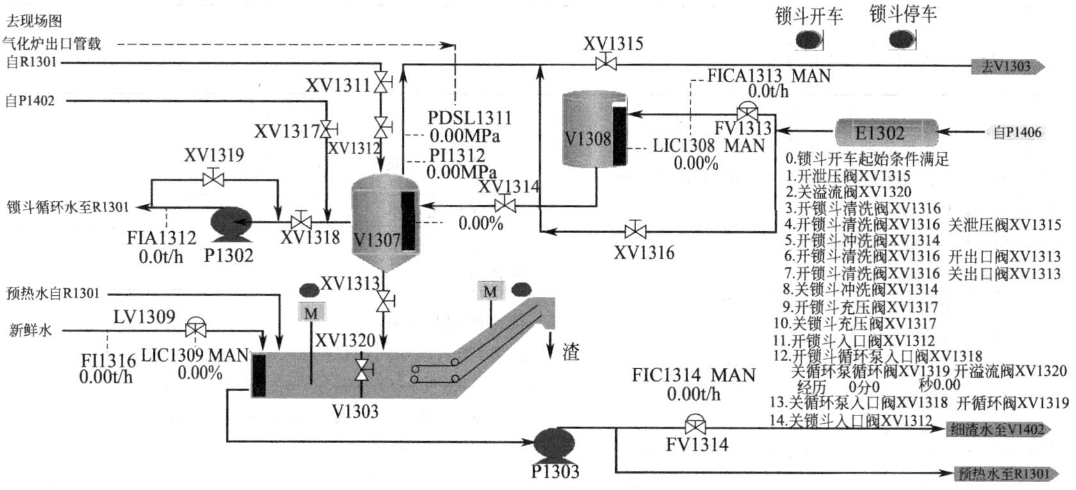

图 1-12 粗渣分离流程

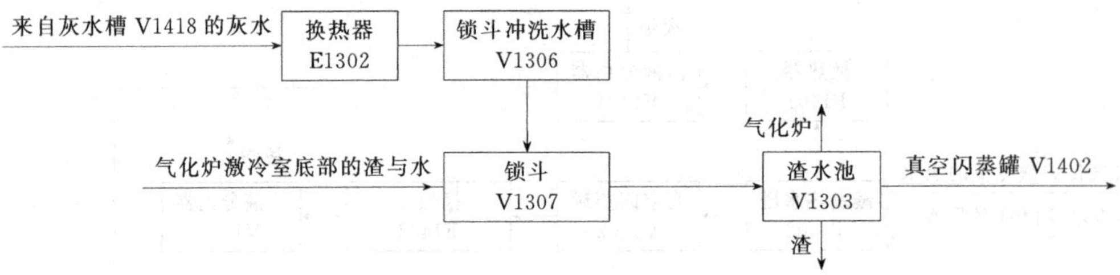

图 1-13 粗渣分离框图

第四节 岗位操作步骤详解

一、冷态开车

水煤浆加压造气工艺冷态开车包括煤浆制备、气化炉升温、各塔建立液位以及建立循环水系统等。

1. 建立热水循环

操作步骤	步骤解析
打开新鲜水补给阀门 LIC1309，补给界外新鲜水	引入新鲜水进入装置
为渣池 V1303 建立液位，在 50%附近投自动	控制液位
打开气化炉下部急冷室至渣池 V1303 开工黑水管线上的手动阀 VD1329 启动渣池泵 P1303 打开渣池泵出口管线上的手动阀 VD1316，向急冷室供水	连通流程，引水入气化炉
调节 FIC1314，使流量大于 $50m^3/h$	控制流量

2. 启动开工抽引器

操作步骤	步骤解析
将气化炉合成气出口管线至开工抽引器管线上的手动阀 VA1304 全开	开烟气闸阀
打开开工抽引器蒸汽调节阀 HV1306	来自管网的低压蒸汽作为抽引气，通过调节蒸汽量控制气化炉的真空度

3. 煤浆制备系统投用

操作步骤	步骤解析
打开界外循环水至滤液槽上的阀门 LIC1410 当滤液槽 V1416 液位达到 50%时，LIC1410 投自动	引循环水进入装置，并控制液位
启动滤液泵 P1409	向磨煤机送入水
启动磨煤机出料槽的搅拌器 X1101 启动磨煤机 M1101	防止水煤浆分层 制备煤浆
启动煤称重给料机 W1101，向磨煤机供煤 打开 FIC1101，按比例向磨煤机供水 打开 FI1201，按比例向磨煤机供添加剂	按比例配制煤浆 思考：加入添加剂的目的？
建立磨煤机出料槽液位为 50% 启动煤浆槽搅拌器 X1201	控制液位，为防止煤浆分层，需要进行搅拌
启动煤浆振动筛 S1201	分离出大颗粒的煤
启动低压煤浆泵 P1101，为煤浆槽 V1201 建立液位	煤浆送至煤浆槽贮存，并起到缓冲的作用

4. 建立烧嘴冷却水系统

操作步骤	步骤解析
打开脱盐水至烧嘴冷却水槽 V1301 管线上的阀门 LIC1306 将烧嘴冷却水槽加水，液位控制在 70%	建立液位
打开低压氮气阀 VA1306	控制事故烧嘴冷却水槽压力
打开界外循环水阀 VD1303	开启循环水，在 E1301 中对烧嘴冷却水进行降温
全开烧嘴冷却水入烧嘴进出口切断阀 XV1307A 全开烧嘴冷却水出烧嘴进出口切断阀 XV1308A 启动烧嘴冷却水泵 P1301A，建立水循环 在冷却水泵出口压力 PI1310 增加到 1.6MPa 以上时，确认 P1301B 自动启动投运	建立烧嘴冷却水循环，两台泵一开一备 思考：V1302 的作用是什么？ V1302 在此处主要起缓冲的作用，如 E1301 出现故障，可以启动 V1302，保证烧嘴冷却系统的正常运行

5. 建立除氧槽和高温热水罐液位

操作步骤	步骤解析
打开管网脱盐水至除氧槽 V1405 管线上的阀门 LIC1403 控制除氧槽 V1405 液位为 80%	引脱盐水入装置，并控制除氧槽液位
打开低压蒸汽阀 PIC1404，向除氧槽通入蒸汽，调节压力为 0.04MPa	调节除氧槽压力
启动脱氧水升压泵 P1403 调节 FIC1416，向蒸发热水塔 T1402 的高温热水储罐 V1407 建立液位为 80%	将脱氧水送至蒸发热水塔，对合成气进行降温后去高温热水储罐

6. 建立高温冷凝液槽液位

操作步骤	步骤解析
打开变换高温冷凝液至变换高温冷凝液罐 V1404 管路上的阀门 LIC1402	引变换高温冷凝液入装置
调节中压氮气通入阀 PV1402A 打开中压氮气调节阀 PV1402B 调节变换高温冷凝液流量，控制 V1404 液位为 80% 控制 V1404 的压力为 1.8MPa	控制变换高温冷凝液槽的液位和压力

7. 建立水洗塔和旋风分离器液位

操作步骤	步骤解析
启动高温热水泵 P1402	将高温热水分别送往水洗塔 T1401 作为洗涤用水、锁斗 V1307 作为气化炉激冷水
启动变换冷凝液泵 P1405	将变换冷凝液送至水洗塔 T1401 作为洗涤用水
启动黑水循环泵 P1401 打开旋风分离器 V1408 的黑水入口阀 FIC1308	将水洗塔 T1401 洗涤后的黑水送至混合器 X1403
打开 FIC1314，使黑水从渣池 V1303 流入真空闪蒸罐 V1402	连通渣池 V1303 和真空闪蒸罐 V1402
关闭渣池至气化炉管线上的预热水阀门 VD1316 关闭气化炉下部手动阀 VX1303	关闭渣池到气化炉的通路，黑水去真空闪蒸罐 V1402 进行处理
调节灰水至水洗塔 T1401 管线上的阀门 LIC1404 和 FIC1404，调节高温冷凝液至 T1401 管线上的阀门 FIC1402，给水洗塔 T1401 建立液位为 50%	建立和控制水洗塔液位
为旋风分离器 V1408 建立液位，调节 V1408 出料阀 FIC1309，使液位保持在 50%	控制液位
调节 FIC1408，使流量大于 $50m^3/h$	控制流量

8. 建立真空闪蒸罐液位

操作步骤	步骤解析
向真空分离罐 V1403 注水，启动真空泵 P1412	抽真空
打开真空闪蒸分离罐 V1403 的泄液阀 LV1408	控制真空闪蒸分离罐的液位
打开真空闪蒸冷凝器 E1402 的循环水阀 VD1624、VD1625	打开循环水，对闪蒸汽进行冷凝
调节真空闪蒸罐 V1402 的液位 LIC1407 的阀门开度，使液位稳定在 50%，液位投自动	控制真空闪蒸罐的液位
调节真空闪蒸罐顶压力控制阀门 PIC1411，控制真空闪蒸罐 V1402 的压力为 −0.056MPa	控制真空闪蒸罐的真空度

9. 建立灰水槽液位

操作步骤	步骤解析
启动澄清搅拌器 V1411	加快颗粒的絮凝，提高颗粒沉降的速度
启动低压灰水泵 P1406 向蒸发热水塔 T1402 供水 打开灰水至蒸发热水塔管线上的阀门 FIC1422，使灰水槽 V1418 液位 LIC1409 稳定在 80% 灰水由 V1419 溢流至灰水槽 V1418，V1418 液位 LIC1409 控制为 80%	灰水送至蒸发热水塔用于冷却、洗涤合成气，同时通过 LIC1409 和 FIC1422 两阀门控制灰水槽液位

10. 锁斗开车

操作步骤	步骤解析
打开锁斗冲洗水罐 V1308 入口阀 LIC1308，设定液位 70%，投自动	控制锁斗冲洗水罐液位
按下“锁斗开车”按钮，锁斗开始周期循环启动锁斗循环泵 P1302 打开锁斗循环泵至气化炉 R1301 管线上的阀门 FIC1302，调节循环量	锁斗上层清液送至气化炉作为激冷水

11. 安装工艺烧嘴

操作步骤	步骤解析
点击“安装气化炉工艺烧嘴”按钮，安装工艺烧嘴	安装工艺烧嘴，做好进料前准备
关闭开工抽引器 X1303 的气体入口阀 VA1304 关闭蒸汽阀 PV1304	关闭开工蒸汽

12. 建立开工流量

操作步骤	步骤解析
启动高压煤浆泵 P1201A 和 P1201B 打开煤浆循环泵 XV1203A/B/C/D	准备煤浆的投料
打开氧气人工段阀 HV1301A/B 打开氧气放空阀 XV1303A/B/C/D 打开氧气流量调节阀 FIC1303A/B/C/D	准备氧气投料 思考：在氧气投料前通入中压、高压氮气有何作用？ 中压氮气是置换气化炉系统包括洗涤塔的，置换合格后把阀门关闭，倒换 8 字盲板即可。高压氮气是在按下投料按钮后，氧气切断阀开启前，对煤浆进行雾化，防止水煤浆进入烧嘴氧通道，以免发生爆炸
调节高压煤浆泵转速，建立煤浆流量 FI1202A/B/C/D 的流量为 9.0m^3/h	控制煤浆流量
调节氧气流量 FIC1303A/B/C/D 在 3800m^3/h	控制氧气流量

13. 气化炉投料并调整

操作步骤	步骤解析
按下“气化炉开车”按钮，确认投料阀门动作正常	准备开车
打开手动阀 VA1707，往澄清槽 V1419 中加入絮凝剂	加快黑水中固体颗粒的絮凝，提高沉降的速度
打开手动阀 VX1412，往灰水槽 V1418 中加入分散剂	避免固体颗粒在管道、设备沉降
逐渐关闭 PIC1401，提高系统压力至 1.0MPa	关闭水洗塔放空阀，提高系统压力
打开酸气分离罐的泄液阀 LIC1406，调节液位稳定在 50%，液位投自动 酸气分离罐液的压力 PIC1410 设定为 0.43MPa	控制酸气分离罐液液位、压力
确认水洗塔 T1402 的液位 LIC1404 稳定在 50%	控制水洗塔液位
使旋风分离器 V1408 液位 LIC1305 控制在 50%	控制旋风分离器液位
使气化炉 R1301 液位 LIC1302 控制在 50% 气化炉 R1301 的温度 TI1302/3/4/5 控制在 1320℃	控制气化炉液位和温度
控制烧嘴冷却水温度 TI1321 为 50℃	控制烧嘴温度，避免高温烧坏烧嘴
蒸发热水塔 T1402 的液位 LIC1404 控制在 80% 打开 PV1407 和 PV1408，使黑水进入蒸发热水塔 以升压速率为 0.1MPa/min 使系统压力 PIC1401 提高到 2MPa 打开蒸发热水塔 T1404 的塔底出口阀 LIC1404，调节液位稳定在 50%，液位投自动。当系统压力升高到 2.0MPa，逐渐打开合成气出口阀门 HV1401 至正常状态	控制蒸发热水塔的液位和压力
逐渐提高气化炉负荷，系统压力 PIC1401 上升到 3.66MPa 煤浆流量 FI1204A/B/C/D 控制在 15.7m^3/h 氧气流量 FI1303 控制在 34000m^3/h	加大煤浆和氧气的流量，提高气化炉负荷，升高气化炉压力

14. 启动压滤机系统

操作步骤	步骤解析
气化炉投料运行后，启动皮带输送机 M1402 启动压滤及 M1401 启动澄清槽底物泵 P1407 启动滤液槽 V1416 搅拌器 打开澄清槽 V1419 出料阀 FIC1424，调节黑水流量 4.5m^3/h，将黑水引入压滤机 M1401	通过澄清槽底物泵 P1407 将澄清槽底物送至压滤机过滤，滤液流至滤液槽，滤饼送界外
打开废水流量调节阀 FIC1421，调节废水流量为 27.3m^3/h	控制废水流量送至废水处理

附：水煤浆加压气化工艺冷态开车操作步骤

1. 水煤浆制备

打开油站新鲜水进水阀 VA1105
启动 P1102A
打开出口阀 VA1102A
将 P1102A/B 选择为 A 开 B 备
打开出口阀 V1102B
启动磨煤机 M1101
打开磨煤机新鲜水补水阀 VD1000
打开 FV1101 将新鲜水引入磨煤机 M1101
启动煤称重给料机 W1101

续表

调节入磨煤机煤量
打开添加剂泵 P1203 入口阀 VD1001
打开添加剂泵 P1203 出口阀 VD1002
打开阀门 VD1006
启动添加剂泵 P1203
输入往复泵 P1203 的冲程数
当后系统有滤液时，打开滤液槽进口阀的前阀 VD1713
打开滤液槽 V1416 进口阀 LV1410 后阀 VD1714
打开阀门 LV1410 向滤液槽充液
打开泵 P1409 前阀 VD1715
启动泵 P1409
打开泵 P1409 后阀 VD1716，输送磨煤水
关闭磨煤机新鲜水补水阀门 VD1000
启动滚筒筛 S1101
启动磨煤机出料槽 V1102 搅拌器
启动振动筛 S1201
打开磨煤机出料槽泵 P1101A 入口阀 VD1015
打开磨煤机出料槽泵 P1101A 后阀 VD1007
启动泵 P1101A
为泵 P1101A 设定转速
打开阀门 VD1011，使水煤浆进入煤浆槽 V1201
启动煤浆槽搅拌器 X1201

2. 启动开工抽引机

将气化炉合成气去开工抽引器管线上的"8"字盲板倒通
全开烟气闸阀 VA1304
打开中压蒸汽入工段总阀 VD1427
控制室打开抽引器蒸汽调节阀 HV1306
调节气化炉真空度 PG1303 在－0.08～－0.01MPa

3. 燃料气烘炉

将燃气管线上的"8"字盲板导通
打开驰放气总阀 VA1504
稍开阀门 VA1506 准备点火
操作人员站在上风口，点燃预热烧嘴
燃烧正常后装预热烧嘴
控制室稍微打开 HV1305，观察气化炉测温热偶有上升
现场缓慢关闭阀门 VA1506
按升温要求用 HV1305 调节入炉燃料气流量，用 HV1306 调节抽引蒸汽量，两阀配合调节气化炉温度

4. 建预热水循环

倒气化炉预热水出口入口阀盲板为通路
打开气化炉预热水出口入预热水槽 V1303A 入口球阀 VD1329
打开激冷水流量调节阀 FV1408 前阀 VD1314
打开激冷水流量调节阀 FV1408 后阀 VD1315
打开渣池泵出口去预热水管线的分支阀 VD1316
全开渣池补水阀 LV1309 的前阀 VD1504
全开渣池补水阀 LV1309 的后阀 VD1505
控制室打开新鲜水补给阀门 LV1309，补给界外新鲜水
为渣池 V1303 建立正常液位，在 60%附近投自动

续表

打开一组激冷水过滤器进口阀 VD1324
打开一组激冷水过滤器出口阀 VD1325
倒通泵 P1303 去 R1301 的 8 字盲板
打开泵 P1303 去 R1301 的现场阀 VD1429
打开泵 P1303 去 R1301 的现场阀 VD1430
打开泵 P1303 进口阀 VD1506
启动渣池泵 P1303
打开泵 P1303 出口阀 VD1507，供预热水到激冷环
控制室打开 FV1408，调节预热水流量 $50m^3/h$ 左右

5. 启动高压氮气系统

打开 V1206A 出气阀门 VA1104A
打开 V1206B 出气阀门 VA1104B
打开 V1206A 进气阀门 VA1103A
打开 V1206B 进气阀门 VA1103B
启动压缩机，空分系统向气化送高压氮气
等待 PI1207 压力＞10.0MPa
待 PI1207＞10.0MPa 时，打开阀门 PV1209
调整 PIC1209 的压力在 5.9～6.2MPa 之间

6. 建立除氧槽水罐 V1405 液位

稍开除氧槽放空阀 PV1405
打开除氧槽压力调节阀 PV1404 前阀 VD1926
打开除氧槽压力调节阀 PV1404 后阀 VD1925
打开除氧槽液位调节阀 LV1403 前阀 VD1901
打开除氧槽液位调节阀 LV1403 后阀 VD1902
打开调节阀 LV1403
建立除氧槽液位至 80%，将 LV1403 投自动
缓慢打开 PV1404，将低压蒸汽引入除氧槽
控制室设定 PIC1404 为 0.02MPa，并将其投为自动
控制 V1405 的压力为 0.02MPa
控制除氧槽 V1405 液位为 80%
打开脱氧冷却水器 E1403 进口阀 VD1927
打开脱氧冷却水器 E1403 出口阀门 VD1928
打开 P1404A 前阀 VD1917
启动密封水泵 P1404A
打开 P1404A 后阀 VD1918，向系统供应密封冲洗水

7. 建立高温热水罐 V1407 液位

打开除氧水入蒸发热水塔流量调节阀 FV1416 前阀 VD1606
打开除氧水入蒸发热水塔流量调节阀 FV1416 后阀 VD1605
打开酸性冷凝器 E1401 进口阀 VD1301
打开酸性冷凝器 E1401 出口阀 VD1302
打开 PV1410 前阀 VD1609
打开 PV1410 后阀 VD1610
打开阀门 PV1410
将 PIC1410 投为自动，设定值为 0.43MPa
打开 LV1406 前阀 VD1607
打开 LV1406 后阀 VD1608
打开 LV1406

续表

将 LIC1406 投为自动，设定值为 60%
打开脱氧水升压泵 P1403A 前阀 VD1913
启动脱氧水升压泵 P1403A
打开脱氧水升压泵 P1403A 后阀 VD1914
打开阀门 FV1416，建立高温热水储罐 V1407 的液位
将 LIC1405 投为自动，设定值为 60%
将 FIC1416 投为串级
控制高温热水罐液位为 60%

8. 建立水洗塔 T1401 液位

打开入水洗塔调节阀 FV1404 前阀 VD1421
打开入水洗塔调节阀 FV1404 后阀 VD1422
打开入水洗塔调节阀 FV1405 前阀 VD1419
打开入水洗塔调节阀 FV1405 后阀 VD1420
打开高温热水泵 P1402 前阀 VD1603
启动高温热水泵 P1402
打开高温热水泵 P1402 后阀 VD1604，向水洗塔供水
控制室打开入水洗塔调节阀 FV1405，阀门开度<5%
控制室打开阀门 FV1404，阀门开度<5%，建立水洗塔液位
将 LIC1401 投为自动
控制 LIC1401 液位维持在 60%

9. 建立高温冷凝槽 V1404 液位

打开变换高温冷凝液槽压力调节阀 PV1402A 前阀 VD1905
打开变换高温冷凝液槽压力调节阀 PV1402A 后阀 VD1906
打开变换高温冷凝液槽压力调节阀 PV1402B 前阀 VD1908
打开变换高温冷凝液槽压力调节阀 PV1402B 后阀 VD1907
将 PV1402A 打开
缓慢提高 PIC1402 的设定值，逐渐提高变换高温冷凝液槽压力到 1.80MPa
压力稳定后，设定为 1.8MPa 投自动
打开高温冷凝槽液位调节阀 LV1402 前阀 VD1903
打开高温冷凝槽液位调节阀 LV1402 后阀 VD1904
缓慢打开调节阀 LV1402
将 LIC1402 投为自动，设定值为 80%
控制变换高温冷凝液槽 V1404 液位为 80%

10. 变换冷凝液泵 P1405 向水洗塔供水

打开变换高温冷凝液入水洗塔上部补水调节阀 FV1402 前阀 VD1423
打开变换高温冷凝液入水洗塔上部补水调节阀 FV1402 后阀 VD1424
打开变换高温冷凝液入水洗塔中部补水阀 HV1402 前阀 VD1418
打开变换高温冷凝液入水洗塔中部补水阀 HV1402 后阀 VD1417
打开高温冷凝液泵 P1405A 前阀 VD1909
启动高温冷凝液泵 P1405A
打开高温冷凝液泵 P1405A 后阀 VD1910
控制室手动打开调节阀 FV1402
控制室手动打开调节阀 HV1402，向水系统供水

11. 预热水切换成激冷水

打开黑水循环泵出口去混合器流量调节阀 FV1308 前阀 VD1401
打开黑水循环泵出口去混合器流量调节阀 FV1308 后阀 VD1402
打开渣池泵出口入真空闪蒸罐调节阀 FV1314 前阀 VD1508
打开渣池泵入真空闪蒸罐调节阀 FV1314 后阀 VD1509
打开真空闪蒸罐出口调节阀 LV1407 前阀 VD1611
打开真空闪蒸罐出口调节阀 LV1407 后阀 VD1612
控制室打开阀门 LV1407
打开黑水循环泵 P1401A 前阀 VD1411
启动黑水循环泵 P1401A
打开黑水循环泵 P1401A 后阀 VD1410
调节阀们 FV1408，使流量依然维持在 $50m^3/h$
逐渐关闭渣池泵出口至激冷水管线的最后一道球阀 VD1429 直至全关
关闭渣池泵去激冷水管线的第二道阀 VD1430
将第二道阀前盲板倒为盲路
打开气化炉黑水出口流量 FV1307 前阀 VD1312
打开气化炉黑水出口流量 FV1307 后阀 VD1313
打开 FV1307 后去真空闪蒸罐的阀门 VD1320
打开气化炉黑水入真空罐的最后一道阀门 VD1321
控制室打开 FV1307，确认气化炉出水进入真空闪蒸罐
缓慢关闭气化炉出水去预热水封槽阀门 VD1329
预热水封槽前阀 VD1329 全部关闭后将阀后盲板倒为盲路
打开渣池出口流量调节阀 FV1314
待 V1402 中储有一定水位，将 LIC1407 投为自动
控制室保证真空闪蒸罐 V1402 液位稳定在 50%，向澄清槽补水
打开 XV1408 前阀 VD1403
打开 XV1408 后阀 VD1404
打开 HV1403 前阀 VD1414
打开 HV1403 后阀 VD1415
打开 FV1308
待旋风分离器液位达到 60%时，关闭 FV1308

12. 投用灰水槽、澄清槽及其搅拌器

打开灰水槽补水阀 VA1708 补水
建立灰水槽液位 70%
关闭灰水槽补水阀 VA1708
打开 PCV1401 前阀 VA1706
打开 PCV1401 后阀 VA1705
打开氮气减压阀 PCV1401
启动澄清槽 V1419 搅拌器

13. 投用真空闪蒸系统

打开真空闪蒸冷凝器 E1402 进口阀 VD1624
打开真空闪蒸冷凝器 E1402 出口阀 VD1625
打开真空闪蒸罐压力调节阀 PV1411 前阀 VD1613
打开真空闪蒸罐压力调节阀 PV1411 后阀 VD1614
打开蒸发热水塔入真空闪蒸罐液位调节阀 LV1404A 前球阀 VD1621
打开蒸发热水塔入真空闪蒸罐液位调节阀 LV1404B 前球阀 VD1622
打开阀门 VA1613
打开真空泵 P1412 出口阀 VD1616
启动真空泵 P1412

续表

打开真空泵 P1412 入口阀 VD1615
打开阀门 PV1411 调节真空闪蒸压力
将 PIC1411 投为自动，设定值为－0.056MPa
控制 PIC1411 的压力维持在－0.056MPa

14. 向蒸发塔、高温热水储罐供水

确认灰水槽液位在 50%以上
打开低压灰水泵入蒸发热水塔流量调节阀 FV1422 前阀 VD1711
打开低压灰水泵入蒸发热水塔流量调节阀 FV1422 后阀 VD1712
打开低压灰水泵 P1406A 入口阀 VD1705
启动低压灰水泵 P1406A
打开低压灰水泵 P1406A 出口阀 VD1706
打开调节阀 FV1422
将 LIC1409 投为自动，设定值为 50%
将 FIC1422 投为串级
适当调整除氧水入蒸发塔的流量，保持 LIC1409 的液位维持在 50%
打开调节阀 FV1421 前阀 VD1709
打开调节阀 FV1421 后阀 VD1710
打开阀门 FV1421，向废水处理工序供水

15. 锁斗及捞渣机系统开车

启动捞渣机搅拌器
打开锁斗冲洗水冷却器 E1302 循环水进口阀 VD1513
打开锁斗冲洗水冷却器 E1302 循环水出口阀 VD1512
打开灰水流量调节阀 FV1313 前阀 VD1511
打开灰水流量调节阀 FV1313 后阀 VD1510
打开灰水流量调节阀 FV1313，建立锁斗冲洗水罐液位 92%
将 LIC1308 投为自动，设定值≥60%
打开 XV1314，建立锁斗液位
锁斗处于 90%以上的高液位
待锁斗液位满足条件时，关闭阀门 XV1314
稍开高温热水泵至 XV1317 前阀 VD1514
打开锁斗循环泵出口至气化炉管线阀门 FV1312
打开阀门 XV1318
打开锁斗循环泵 P1302 前阀 VD1502
启动锁斗循环泵 P1302
打开锁斗循环泵 P1302 后阀 VD1503
打开循环阀 XV1319，建立泵循环
关闭泵入口阀 XV1318
在控制室打开“锁斗安全阀控制”，XV1311 打开
打开渣池溢流阀 XV1320
确认锁斗开车条件满足
按下“锁斗开车”按钮，锁斗自动循环开始

16. 建立烧嘴冷却水系统

打开控制阀 LV1306 前阀 VD1801
打开脱盐水至烧嘴冷却水槽管线上的阀门 LV1306
将 LIC1306 投为自动，设定值为 70%
工艺烧嘴与软管连接牢固，上回水三通阀切至软管
打开低压氮气入烧嘴冷却回水分离罐流量计及前、后阀 VD1812A、VD1813A

续表

打开烧嘴冷却水手动阀、VD1811A、VD1814A、VD1815A
打开循环水入烧嘴冷却水换热器进口阀 VD1303
打开循环水入烧嘴冷却水换热器出口阀 VD1304
打开烧嘴冷却水泵 P1301A 前阀 VD1802
启动烧嘴冷却水泵 P1301A
打开烧嘴冷却水泵 P1301A 后阀 VD1803
用截止阀 VA1804A 调节 A 分支烧嘴冷却水进、出口流量≥40.0m^3/h
打开事故烧嘴冷却水槽安全阀旁路阀 VA1802
打开烧嘴冷却水去事故烧嘴冷却水槽截止阀 VA1803
当事故烧嘴冷却水槽液位达到 50%时，关闭截止阀 VA1803
打开低压氮气进事故烧嘴冷却水槽阀 VA1306，投用低压氮气
控制室确认事故烧嘴冷却水槽 PI1311 压力为 0.60MPa
控制室确认烧嘴冷却水系统正常、烧嘴冷却水总管的压力 PI1310≥2.7MPa
打开备用泵 P1301B 前阀 VD1805
打开备用泵 P1301B 后阀 VD1804
将 P1301A/B 选择为 A 开 B 备

17. 气化炉更换工艺烧嘴，倒合成气出工段盲板

确认水洗塔液位在 60%以上并保持高液位
将合成气管线出工段盲板倒为通路
确认气化炉已升至 1000℃以上
打开阀门 VA1707 使絮凝剂入静态混合器 X1402
关闭燃料气调节阀 HV1305
关闭燃料气手阀 VA1504
将燃气管线上的“8”字盲板变为盲路
拔出预热烧嘴
用法兰封住炉口
A 通路软硬管切换开始实施
将 A 通路工艺烧嘴安置气化炉内
切换 A 通路三通阀门
打开 A 通路硬管阀门 VD1809A、VD1810A
关闭 A 通路软管阀门 VD1814A、VD1815A
关闭合成气去开工抽引器阀门 VA1304，停抽引器
控制室关闭抽引器蒸汽调节阀 HV1306
关闭入工段总阀 VD1427
抽引器“8”字盲板倒为盲路

18. 系统氮气置换

导通中压氮气入 A 烧嘴高压氮气吹扫氧气管线上的“8”字盲板
导通入气化炉激冷室中部盲板
控制室打开 XV1401
控制室打开 PV1401A/B
现场打开氮气入氧气管线的截止阀 VA1311
现场打开氮气入气化炉中部激冷室球阀 VD1328
现场将中压氮气入水洗塔管线上的“8”字盲板倒为通路
现场将中压氮气入旋风分离器管线上的“8”字盲板倒为通路
打开中压氮气阀门 VA1406
打开中压阀门 VD1431，为水洗塔进行置换
打开中压氮气阀门 VA1412
打开中压阀门 VD1428，为旋风分离器进行置换

续表

置换结束后，关闭氮气入氧气管线阀门 VA1311
置换结束后，关闭气化炉中部氮气阀门 VD1328
置换结束后，关闭旋风分离器氮气阀门 VA1412、VD1428
置换结束后，关闭水洗塔氮气阀门 VA1406、VD1431
将中压氮气入 A 烧嘴高压氮气吹扫氧气管线上的盲板倒为盲路
现场将中压氮气入水洗塔管线上的“8”字盲板倒为盲路
现场将中压氮气入旋风分离器管线上的“8”字盲板倒为盲路
控制室关闭 XV1401
控制室关闭 PV1401A/B
倒通入蒸发热水塔 T1402 上塔中压氮气管线盲板
倒通入蒸发热水塔 T1402 下塔中压氮气管线盲板
确认 PV1410 前阀 VD1609 全开
确认 PV1410 后阀 VD1610 全开
确认酸性气冷凝器出口至酸性气分离罐 PV1410 全开
打开中压氮气阀门 VA1602、VA1612、VD1619 对 T1402 下塔进行置换
打开中压氮气阀门 VA1614、VD1620 对 T1402 上塔进行置换
置换结束后，关闭阀门 VA1602、VA1612、VD1619 停止对 T1402 下塔置换
置换结束后，关闭阀门 VA1614、VD1620 停止对 T1402 上塔置换
将入蒸发热水塔 T1402 上塔中压氮气管线倒为盲路
将入蒸发热水塔 T1402 下塔中压氮气管线倒为盲路
关闭控制阀 PV1410
关闭 PV1410 前阀 VD1609
关闭 PV1410 后阀 VD1610
倒通入真空闪蒸罐中压氮气管线盲板
确认 PV1411 前阀 VD1613 全开
确认 PV1411 后阀 VD1614 全开
确认真空闪蒸冷凝器出口至真空闪蒸分离罐 PV1411 全开
打开中压氮气阀门 VA1607 对闪蒸系统进行氮气置换
置换合格后，关闭 VA1607，停止对 V1402 置换
将入真空闪蒸罐中压氮气管线盲板倒为盲路
关闭控制阀 PV1411
关闭 PV1411 前阀 VD1613
关闭 PV1411 后阀 VD1614

19. 建立煤浆、氧气开工流量

控制室激活“煤浆阀 AB 初始化”按钮，确认 XV1203A/B 打开
控制室激活“AB 旁路允许开关”
打开阀门 HV1201A
打开阀门 VD1018
打开阀门 VD1016，打通煤浆通路循环
启动煤浆给料泵 P1201A，调整 HV1201A/B 提高 P1201A 压力至 5.0MPa
调节 P1201A 转速，满足煤浆流量在 10.2m^3/h
打开高压氮气阀门 XV1204A 前阀 VA1201A
打开高压氮气阀门 XV1304A 前阀 VA1308A
打开高压氮气阀门 XV1305A 前阀 VA1307A
打开高压氮气阀门 HV1302A 前阀 VA1310A
打开高压氮气阀门 XV1306A 前阀 VA1309A
打开高压氮气切断阀 HV1302A
确认密封氮气压力 PI1303A、PI1302A 接近 6.0MPa

续表

确认 PI1209>6.0MPa
打开氧气入工段阀 HV1301A
关闭 HV1302A
控制室激活"AB 氧气放空阀初始化",氧气放空阀 XV1303A 打开
全开氧气放空阀 HV1303A
打开氧气流量调节阀 FV1303A,调节氧气流量为 20000m^3/h
用 FV1307 调节气化炉液位,逐渐提高气化炉液位>35%,在 50%附近
打开 V1408 黑水出口流量调节阀 FV1309 前球阀 VD1406
打开 V1408 黑水出口流量调节阀 FV1309 后球阀 VD1407
打开 T1401 出口流量调节阀 FV1406 前阀 VD1408
打开 T1401 出口流量调节阀 FV1406 后阀 VD1409
调整 P1201A 转速,使 FI1202A 煤浆管相流量在 40.8m^3/h
控制室调节 FV1303A,使 FIC1303A 氧气流量为 27200m^3/h
维持气化炉液位 LIC1302 在 50%

20. 投料前最终确认

打开合成气放空管线 PV1401A/B
打开 PV1401A 后截止阀 VD1425
打开 PV1401B 后截止阀 VD1426
打开阀门 XV1401
确认水洗塔安全阀前阀 VD1434A 打开
确认水洗塔安全阀前阀 VD1434B 打开
稍开中压氮气去水洗塔安全阀后火炬管线截止阀 VA1408
确认 11.0MPa≤PI1207≤13.0MPa
确认 PI1209≥6.0MPa
打开气化炉燃烧室吹氮阀 XV1321 前 VD1323
打开气化炉燃烧室吹氮阀 XV1321 后阀 VD1322
打开气化炉燃烧室吹氮阀 XV1321
调节氮气流量为 1.5m^3(标)/h
打开阀门 VA1408
调节 FG1402 流量维持在 440m^3(标)/h
确定气化炉炉温高于 800℃,若炉温不足 800℃,需进行再次烘炉

21. 气化炉投料

AB 烧嘴投料
控制室激活"系统复位"按钮
控制室激活"氮吹复位"按钮,确认 XV1306A/B 打开
控制室将煤浆给料泵(P1201A)旁路按钮改为"旁路关"
控制室按下"烧嘴启动",烧嘴投料
打开 A 通路中心氧阀门 FV1305A
投料成功后,控制系统压力,升压速度严格控制≤0.1MPa/min
调整 FV1408 使得系统水循环量维持在 240m^3/h
打开 HV1404 前阀 VD1601
打开 HV1404 后阀 VD1602
打开低温冷凝液阀门 HV1404

22. 黑水、灰水切换操作

将水洗塔出口合成气管线上的 PIC1401 投为自动,确认 XV1401 打开
逐渐提高 PIC1401 设定值,严格按照 0.1MPa/min 的速率进行升压
当系统压力升至 0.5MPa 时,对系统进行查漏,发现漏点及时处理

续表

当系统压力升至1.0MPa时,打开PV1407A
关闭气化炉去真空闪蒸罐的阀门VD1321
关闭气化炉去真空闪蒸罐的阀门VD1320,将气化炉黑水切入到蒸发热水塔
控制室打开PV1408A-1
缓慢打开FV1309阀,确认旋风分离器黑水进入蒸发热水塔
打开FV1308向混合器加工艺水
打开控制室PV1408B-1
缓慢打开FV1406,确认水洗塔黑水进入蒸发热水塔
确认LV1404A前球阀VD1621打开
确认打开LV1404B前球阀VD1622打开
控制室打开LV1404A,逐步调节蒸发热水塔的液位到60%
调节LV1404A/B使蒸发热水塔的液位维持在60%
调节LV1406使真空闪蒸罐液位维持在60%
蒸发热水塔的压力PIC1410设定为0.43MPa
逐步提高PIC1401的设定值,将系统继续升压至2.0MPa
逐步提高PIC1401的设定值,将系统继续升压至3.75MPa
调整P1201A转速,使FI1202A煤浆管相流量在68.8m^3/h
控制室调节FV1303A,使FIC1303A氧气分支流量为27200m^3/h
逐步提高气化炉的温度到1320℃
打开备用泵P1401B前阀VD1432
打开备用泵P1401B后阀VD1433
将P1401A/B选择为A开B备

23. 投用氧煤比连锁、向后系统送合成气

系统压力升至4.0MPa,合成气温度达到210℃后,打开电动阀HS1403
打开HV1405,对合成气外管进行暖管
在ESD画面点击"合成气手动调节阀控制"按钮
当后系统具备接气条件时,逐渐打开HV1401
提高PIC1401设定值,减少火炬放空量,增加向后系统送气量,直至HV1401全开、PV1401A/B全关
通过调节HV1501调节后系统压力,使合成气顺利进入下游系统
关闭HV1405
后系统产生冷凝液后打开变换高温冷凝液入变换高温冷凝液槽阀VA1906
将PIC1401压力设定值高于系统压力4.0MPa

24. 启动真空过滤系统

打开澄清槽底流泵管线去真空过滤机手动调节阀FV1424的前阀VD1703
打开澄清槽底流泵管线去真空过滤机手动调节阀FV1424的后阀VD1704
打开调节阀FV1424
启动滤液槽搅拌器
打开LV1410前截止阀VD1713
打开LV1410后截止阀VD1714
视情况打开LV1410向滤液受槽补水
启动滤饼皮带输送器
打开泵P1407入口阀VD1701
启动澄清槽底流泵
打开泵出口阀VD1702向真空过滤机供水

二、正常工况

正常工况是指完成冷态开车以后，装置的处理量尚未达到要求（或设计）的负荷，部分工艺参数偏离指标要求，需要调节达到正常的过程。通过这部分练习，学生应当熟悉造气工段的主要工艺指标，提高操作调节水平（见表 1-1）。

表 1-1 主要工艺控制点

序号	位号	正常值	单位	说明
1	FI1202A	68.8	m^3/h	煤浆管相流量控制
2	FIC1303A	27200	m^3/h	氧煤比流量控制
3	LIC1302	50	%	气化炉激冷室液位控制
4	FIC1408	240	t/h	冷激水进料量控制
5	TI1304,5,6	1320	℃	气化炉温度控制
6	PI1304	4.0	MPa	气化炉压力控制
7	LIC1305	50	%	旋风分离器液位控制
8	PIC1401	4.0	MPa	水洗塔压力控制
9	LIC1401	60	%	水洗塔液位控制
10	PIC1410	0.43	MPa	蒸发热水塔压力控制
11	LIC1404	60	%	蒸发热水塔液位控制
12	PIC1404	0.2	MPa	除氧槽压力控制
13	LIC1403	80	%	除氧槽液位控制
14	LIC1405	60	%	高温热水储罐液位控制
15	LIC1406	60	%	酸气分离器液位控制
16	PIC1411	−0.0546	MPa	真空闪蒸罐压力控制
17	LIC1407	50	%	真空闪蒸罐液位控制
18	LIC1408	50	%	真空闪蒸罐分离罐液位控制
19	LIC1410	50	%	滤液槽液位控制
20	LIC1309	50	%	渣池液位控制
21	PIC1402	1.8	MPa	高温冷凝液槽压力控制
22	LIC1402	80	%	高温冷凝液槽液位控制
23	LIC1409	50	%	灰水槽液位控制
24	PI1311	0.6	MPa	烧嘴冷却水槽压力控制
25	FG1402	440	(标)m^3/h	高压氮气流量控制

三、正常停车

水煤浆加压造气工段停车包括煤浆制备系统、气化炉、黑水处理系统、烧嘴冷却系统、锁斗停车几个部分。在接到停车指令后，缓慢降低系统负荷。提高氧煤比，使气化炉在高于正常操作温度 20～30℃下运行 60min，以清除炉壁挂渣，之后缓慢打开背压阀将合成气送火炬。停煤浆、氧气输送，在此过程中要防止气化炉液位上升以及洗涤塔液位超高。后逐步泄压、停循环水、停锁斗系统，用氮气置换系统。

本部分详细的步骤分析由读者自行完成。

1. 降低运行负荷

（1）通过氧气流量调节阀 FIC1303A/B/C/D 逐步均匀减少入炉氧气量。

（2）并相应降低煤浆泵 P1201A/B 的转速设定值，降低入炉煤浆量。

（3）使炉温相对稳定。

（4）当合成气变换系统切气后，将合成气送放空火炬燃烧，关闭电动阀 HV1401。

（5）逐渐降低出水洗塔合成气压力调节阀 PIC1401 的设定值。

2. 停车过程操作

缓慢降低系统负荷至 60%，切放空阀 PIC1401 有一定开度后，按下停车按钮。

3. 煤浆制备系统停运

（1）将给水流量调节阀 FIC1101 投手动。

（2）停煤称重给料机 W1101，停止向磨煤机供煤。

（3）关闭 FV1201，停止向磨煤机供添加剂。

（4）约 5min 后，停磨煤机 M1101。

（5）停滤液泵 P1409。

（6）关闭水流量调节阀 FIC1101。

（7）当磨煤机出料槽 V1102 液位 LI1102 低于 10%时，停低压煤浆泵 P1101。

（8）停煤浆振动筛 S1201。

（9）停磨煤机出料草地搅拌器 X1101。

（10）调节界外循环水调节阀 LIC1410，使 V1416 的液位保持在 50%。

4. 保压循环过程

（1）气化炉 R1301 洗涤冷却室液位 LIC1302 升高，将洗涤冷却水 FIC1405 的流量减为 $100m^3/h$。

（2）全开旋风分离器 V1408 泄液阀 FIC1309。

（3）全开水洗塔 T1401 泄液阀 FIC1406。

（4）逐渐关闭系统放空阀 PIC1401，系统保压。

（5）逐渐关小水洗塔 T1401 灰水入口阀 FIC1402，LIC1401。

（6）逐渐关小水洗塔 T1401 高温冷凝液入口阀 FIC1402。

（7）关闭变换高温冷凝液入口阀 LIC1402。

（8）变换高温冷凝液罐 V1404，液位低于 50%后，停变换冷凝液泵 P1405。

（9）关闭低温冷凝液阀 HV1404。

（10）关闭低压蒸汽进口阀 PIC1404，除氧器停止供蒸汽。

5. 系统泄压

（1）逐渐打开出水洗塔合成气压力调节阀 PIC1401。

（2）气化炉系统泄压：压力大于 2.0MPa 时，减压速率不大于 0.1MPa/min；压力小于 2.0MPa 时，减压速率不大于 0.05MPa/min。

（3）关闭旋风分离器 V1408 黑水入口阀 FIC1308。

（4）旋风分离器 V1408 液位低于 10%后关闭出口阀 FIC1309。

（5）关闭黑水循环泵 P1401 前阀 HV1403。

（6）当系统压力小于 1MPa 时，关闭黑水至蒸发热水塔 T1402 管线上的阀门 PV1407，使气化炉黑水直接进入真空闪蒸罐 V1402。

（7）关闭黑水至蒸发热水塔 T1402 管线上的阀门 PV1408，使水洗塔和旋风分离器黑水泄入渣池 V1303 中。

(8) 关闭中压氮气阀 PV1402A。

(9) 当水洗塔 T1401 压力低于 0.1MPa 后，打开渣池 V1303 加水阀 LIC1309，液位投自动。

(10) 打开渣池至气化炉管线上的阀门 VX1314。

(11) 关闭渣池至蒸发热水塔管线上的阀门 FIC1314，此时水送到气化炉。

(12) 打开气化炉 R1301 底部循环阀 VX1303。

6. 拆卸工艺烧嘴

(1) 将气化炉合成气出口管线至开工抽引器管线上的手动阀 VX1304 全开。

(2) 打开开工抽引器蒸汽调节阀 PV1304。

(3) 若干分钟后确认卸下工艺烧嘴，点击按钮使其处于非工作状态。

(4) 关闭开工抽引器阀 VX1304 和 PV1304。

(5) 关闭烧嘴冷却水槽补水阀 LIC1306。

(6) 关闭低压氮气阀 VX1306。

(7) 关闭循环水阀 VX1301。

(8) 关闭烧嘴冷却水入烧嘴进出口切断阀 VX1307。

(9) 关闭烧嘴冷却水出烧嘴进出口切断阀 VX1308。

(10) 停烧嘴冷却水泵 P1301A。

7. 系统各泵停止运行

(1) 将脱盐水至除氧槽 V1405 管线上的阀门 LIC1403 设定为 50%，为密闭冲洗水泵 P1404 提供冷凝水。

(2) 关闭脱氧水调节阀 LIC1405。

(3) 停脱氧水泵 P1403。

(4) 当高温热水储罐 V1407 液位 LIC1405 低于 50%，停高温热水泵 P1402。

(5) 当水洗塔 T1401 液位 LIC1401 低于 30%时，停黑水循环泵 P1401。

(6) 停真空泵 P1412。

(7) 关闭低压灰水阀 FIC1422。

(8) 调节灰水去界外废水管线上的阀门 FIC1421，使灰水槽 V1421 液位低于 50%。

(9) 停低压灰水泵 P1406。

(10) 关闭入澄清槽的絮凝剂阀门 VX1411。

(11) 关闭入灰水槽的分散剂阀门 VX1412。

(12) 关闭锁斗冲洗水槽 V1308 入口阀 LIC1308。

(13) 关闭锁斗循环泵 P1302 去气化炉管线上的阀门 FIC1312。

(14) 停锁斗循环泵 P1302。

(15) 按下“锁斗开车”按钮，停锁斗系统。

(16) 停密闭冲洗水泵 P1404，停供密闭冲洗水。

(17) 停澄清槽底物泵 P1407。

(18) 停压滤机系统 M1401。

(19) 停滤饼皮带输送机 M1402。

(20) 关闭酸气冷凝器 E1401 循环水阀 VX1401。

(21) 关闭真空闪蒸冷凝器 E1402 循环水阀 VX1404。

(22) 停澄清槽 V1411 的搅拌器。

(23) 停渣池 V1301 的搅拌器。

(24) 停滤液槽 V1416 的搅拌器。

8. 停预热水循环

停渣池泵 P1303。

附：正常停车操作步骤

1. 煤浆制备系统停车

接制浆系统停车指令后，缓慢关闭煤贮斗下部闸板阀
检查皮带上无积存原料煤后，按下煤称重给料机按钮
关闭添加剂阀门 VD1006
按下添加剂给料泵 P1203 停车按钮
关闭添加剂给料泵 P1203 前阀 VD1001
关闭添加剂给料泵 P1203 后阀 VD1002
打开去地沟导淋阀 VD1024
关闭阀门 VD1011，因煤浆不合格，停止向煤浆槽 V1201 供料
将入磨煤机工艺水量适量调大，对磨煤机内煤浆进行冲洗置换
磨煤机出料中煤浆浓度较低时，停止向磨煤机内加工艺水
按下磨煤机停机按钮
连接冲洗水，冲洗出料槽 V1102
磨煤机出料槽液位降为 10%以下时，停出料槽泵 P1101A
关闭泵 P1101A 入口阀 VD1015
打开冲洗 P1101A 管线前阀 VD1023
打开冲洗泵 P1102 前阀 VD1004
启动冲洗泵 P1102 开关
打开冲洗泵 P1102 后阀 VD1005
停止磨煤机 V1102 搅拌器的运行
冲洗完成后，关闭冲洗水泵 P1102 后阀 VD1005
停冲洗水泵 P1102
关闭冲洗水泵 P1102 前阀 VD1004
关闭磨煤机出料槽泵 P1101A 出口阀 VD1007
关闭去地沟阀门 VD1024
将油泵 P1102A/B 调整为“A、B 手动”状态
关闭油路阀门 VA1102A
关闭油路阀门 VA1102B
关闭油泵 P1102A
关闭油泵 P1102A/B 循环水阀门 VA1105

2. 气化炉停炉前确认和操作

提高氧煤比，操作炉温比正常高 20～30℃，运行 60min
逐渐降低运行负荷，加大激冷水流量，保持较高的系统水循环量
提温结束后，打开 XV1401
逐渐降低背压放空 PIC1401 的设定值
缓慢打开背压放空阀 PV1401A/B，将合成气送火炬
逐渐关出工段阀 HV1401，直至出工段阀 HV1401 全关，PV1401A/B 全开
现场全关出工段电动阀 HS1403
适当加大气化炉下部黑水流量 FI1307，排出系统灰渣
适当加大旋风分离器 V1408 下部黑水流量 FIC1309，排出系统灰渣
适当加大水洗塔下部黑水流量 FIC1406，排出系统灰渣

3. 停车

控制室按下烧嘴"紧急停车",烧嘴停车
确认氧气管线高压氮气吹扫阀 XV1304A 打开
确认氧气切断阀 XV1301A 关闭
确认氧气切断阀 XV1302A 关闭
确认氧气流量调节阀 FV1303A 关闭
确认煤浆管线高压氮气吹扫阀 XV1204A 打开
确认煤浆切断阀 XV1201A 关闭
确认煤浆切断阀 XV1202A 关闭
确认氧气切断阀氮气密封阀 XV1305A 打开
确认 HV1401 关闭
吹扫计时时间到煤浆管线高压氮气吹扫阀 XV1204A 关闭
吹扫计时时间到氧气管线高压氮气吹扫阀 XV1304A 关闭
确认保护烧嘴氮气阀 XV1306A 打开
黑水循环泵 P1401 入口激冷紧急补水阀 HV1403 可操作

4. 停车后控制室操作

关闭入工段氧气切断阀 HV1301A
确认密封氮气阀 HV1302A 全开
气化炉停车后,调整激冷水流量不低于 $50m^3/h$,维持在 $100m^3/h$
解除黑水循环泵 P1401A/B 自启动
打开控制室紧急补水阀 HV1403,防止水洗塔液位高

5. 停氮气吹扫

关小高压氮气阀 XV1306A 前阀 VA1309A
关闭煤浆管线高压氮气吹扫阀 XV1203A 前阀 VA1201A
关闭氧管高压氮吹扫阀 XV1304A 前手动阀 VA1308A
关闭氧管高压氮吹扫阀 XV1305A 前手动阀 VA1307A
关闭高压氮气入燃气室手动截止阀 XV1321
关闭 XV1321 前阀 VD1323
关闭 XV1321 后阀 VD1322

6. 停高温冷凝液

关闭变换高温冷凝液入工段阀 VA1906
打开 LV1402 前截止阀 VD1903
打开 LV1402 后截止阀 VD1904,用锅炉给水补充
变换高温冷凝液槽液位低时,打开锅炉给水阀 LV1402

7. 停低温冷凝液

关闭变换低温冷凝液流量调节阀 HV1404
关闭调节阀 HV1404 前阀 VD1601
关闭调节阀 HV1404 后阀 VD1602

8. 系统泄压

系统保压,水系统循环 1h
逐渐 PIC1401 的设定值在 2.0～3.0MPa,气化炉系统泄压
逐渐 PIC1401 的设定值在 1.0～2.0MPa,气化炉系统泄压
逐渐 PIC1401 的设定值低于 1.0MPa,气化炉系统泄压

9. 黑水切换

当系统压力降至 1.0MPa 时，进行黑水切换
现场打开水洗塔去澄清槽的第一道阀门 VD1435
现场打开水洗塔去澄清槽的第二道阀门 VD1436
现场打开旋风分离器去澄清槽的第一道阀门 VD1412
现场打开旋风分离器去澄清槽的第二道阀门 VD1413
控制室关闭 PV1408B-1
控制室关闭 PV1408A-1
调整 FV1406 水洗塔底部黑水流量
调整 FV1309 旋风分离器底部黑水流量
打开气化炉去真空闪蒸罐管线的第一球阀 VD1320
打开气化炉去真空闪蒸罐管线的第二球阀 VD1321
关闭气化炉黑水入蒸发热水塔压力调节阀 PV1407A
调整 FV1307 控制气化炉黑水真空闪蒸罐流量，逐渐降低气化炉液位
当系统压力降至 0.3MPa 时，打开旋风分离器底部第一道导淋阀 VD1439
打开旋风分离器底部第二道导淋阀 VD1440
排净锥底沉积物后，关闭导淋阀 VD1439
排净锥底沉积物后，关闭导淋阀 VD1440
打开水洗塔底部第一道导淋阀 VD1437
打开水洗塔底部第二道导淋阀 VD1438
排净锥底沉积物后，关闭导淋阀 VD1437
排净锥底沉积物后，关闭导淋阀 VD1438
当系统压力降至常压，关闭 FV1406
当系统压力降至常压，关闭 FV1308
当系统压力降至常压，关闭 FV1309

10. 变换高温冷凝水退出系统循环

等待变换冷凝槽液位降低到 30%
逐渐降低变换高温冷凝液槽的设定压力到 1.0MPa
控制室关闭水洗塔塔板流量调节阀 FV1402
控制室关闭冷凝水液入水洗塔下部流量调节阀 HV1402
关闭 FV1402 前阀 VD1423
关闭 FV1402 前阀 VD1424
关闭 HV1402 前阀 VD1418
关闭 HV1402 前阀 VD1417
关闭泵 P1405A 后阀 VD1910
关闭泵 P1405A
关闭泵 P1405A 后阀 VD1909
关闭 V1404 液位调节阀 LV1402
关闭 LV1402 前阀 VD1903
关闭 LV1402 前阀 VD1904
控制室将变换高温冷凝槽 V1404 压力降为常压
打开 PV1402B
将 PIC1402 压力降为常压
关闭 PV1402A 前阀 VD1905
关闭 PV1402A 后阀 VD1906
关闭 PV1402B 后阀 VD1908
关闭 PV1402A 前阀 VD1907
打开高温冷凝液槽 V1404 泄压阀门 PV1402B
待高温冷凝液槽 V1404 压力泄至常压，关闭阀门 PV1402B

11. 冲洗煤浆管线

打开冲洗水泵 P1102 前阀 VD1004
启动冲洗水泵 P1102
打开冲洗水泵 P1102 后阀 VD1005
确定烧嘴已停车后，在 INTERLOCK 面板上点击“停车确定按钮”
关闭 P1201A 煤浆泵入口放料阀 VD1018
打开煤浆泵 P1201A 去 A 烧嘴的出口导淋阀 VD1209A
现场倒通 XV1202A 前冲洗水导淋管盲板 MB13
并打开该导淋管的球阀 VD1210A
现场连接 P1201A 入口处冲洗管线软管，导通煤浆泵入口管线盲板 MB14
打开 P1201A 入口管线阀门 VD1012，冲洗煤浆给料泵及管线
当煤浆给料泵出口排水变清时冲洗合格，关闭泵出口导淋阀 VD1209A
打开 XV1201A，对 A 烧嘴分支煤浆管线进行清洗
当从导淋管排出的水变清时，关闭 XV1201A
冲洗完成后，关闭导淋管的球阀 VD1210A
将通 XV1202A 前冲洗水导淋管盲板 MB13 倒为盲路
关闭 P1201A 入口管线阀门 VD1012
将煤浆泵入口管线盲板 MB14 倒为盲路
关闭冲洗水泵 P1102 后阀 VD1005
停冲洗水泵 P1102
关闭冲洗水泵 P1102 前阀 VD1004

12. 系统氮气置换

导通中压氮气入 A 烧嘴高压氮气吹扫氧气管线上的“8”字盲板 MB12
导通入气化炉激冷室中部盲板 MB03
控制室打开 XV1401
控制室打开 PV1401A/B
现场打开氮气入氧气管线的截止阀 VA1311
现场打开氮气入气化炉中间激冷室球阀 VD1328
现场将中压氮气入水洗塔管线上的“8”字盲板 MB04 倒为通路
现场将中压氮气入旋风分离器管线上的“8”字盲板 MB06 倒为通路
打开中压氮气阀门 VA1406
打开中压阀门 VD1431，为水洗塔进行置换
打开中压氮气阀门 VA1412
打开中压阀门 VD1428，为旋风分离器进行置换
置换结束后，关闭氮气入氧气管线阀门 VA1311
置换结束后，关闭气化炉中部氮气阀门 VD1328
置换结束后，关闭旋风分离器氮气阀门 VA1412、VD1428
置换结束后，关闭水洗塔氮气阀门 VA1406、VD1431
将中压氮气入 A 烧嘴高压氮气吹扫氧气管线上的盲板 MB12 倒为盲路
现场将中压氮气入水洗塔管线上的“8”字盲板 MB04 倒为盲路
现场将中压氮气入旋风分离器管线上的“8”字盲板 MB06 倒为盲路
控制室关闭 XV1401
控制室关闭 PV1401A/B
导通入蒸发热水塔 T1402 上塔中压氮气管线盲板 MB11
导通入蒸发热水塔 T1402 下塔中压氮气管线盲板 MB09
确认酸性气冷凝出口至酸性气分离罐 PV1410 全开
打开中压氮气阀门 VA1602、VA1612、VD1619 对 T1402 下塔进行置换
打开中压氮气阀门 VA1614、VD1620 对 T1402 上塔进行置换
置换结束后，关闭阀门 VA1602、VA1612、VD1619 停止对 T1402 下塔置换
置换结束后，关闭阀门 VA1614、VD1620 停止对 T1402 上塔置换
将入蒸发热水塔 T1402 上塔中压氮气管线盲板 MB11 倒为盲路

续表

将入蒸发热水塔 T1402 下塔中压氮气管线盲板 MB09 倒为盲路
关闭控制阀 PV1410
关闭 PV1410 前阀 VD1609
关闭 PV1410 前阀 VD1610
导通入真空闪蒸罐 V1402 中压氮气管线盲板 MB20
确认真空闪蒸冷凝器出口至真空闪蒸分离罐 PV1411 全开
打开中压氮气阀门 VA1607 对闪蒸系统进行氮气置换
置换合格后，关闭 VA1607，停止对 V1402 置换
将入真空闪蒸罐 V1402 中压氮气管线盲板 MB20 倒为盲路
关闭控制阀 PV1411
关闭 PV1411 前阀 VD1613
关闭 PV1411 后阀 VD1614

13. 停烧嘴冷却水

确认气化炉液位降至预热液位
确认水洗塔合成气出口阀 HV1401、HV1405 及出工段电动阀处于关闭位置
将气化炉合成气去开工抽引器管线上的“8”字盲板 MB01 导通
打开合成气管线去真空抽引器阀门 VA1304
打开中压蒸汽入工段阀门 VD1427
投用开工抽引器，打开蒸汽调节阀 HV1306
调节气化炉真空度在－0.08～0.01MPa
拔出 A 通路工艺烧嘴
关闭入烧嘴进料流量调节阀 VA1804A
关闭 A 通路硬管阀门 VD1809A、VD1810A
解除烧嘴冷却水泵 P1301A/B 自启动状态，将 P1301A/B 调为手动
关闭烧嘴冷却水泵 P1301A 的出口阀 VD1803
按下泵 P1301A 的停车按钮
关闭泵的入口阀 VD1802
关闭烧嘴冷却水泵 P1301B 的出口阀 VD1804
关闭泵的入口阀 VD1805
关闭 A 通路回水分离器氮气阀门 VD1812A、VD1813A

14. 停锁斗系统

气化炉停车后，锁斗应至少运行四个循环，将系统内的灰、渣排出系统
当锁斗程序处于收渣状态时，关闭出口阀 VD1503
按下锁斗循环泵 P1302 的停车按钮
关闭泵的入口阀 VD1502
点击“锁斗停车”按钮，停锁斗逻辑系统
停捞渣机搅拌器
当渣池内无渣后，停捞渣机
锁斗系统停车后，关闭循环水出口阀 VD1512
关闭循环水进口阀 VD1513
锁斗停车后，关闭灰水阀门 FV1313
关闭 FV1313 前阀 VD1510
关闭 FV1313 前阀 VD1511

15. 停系统大循环，预热水切换

导通气化炉黑水出口去预热水封槽管线的盲板 MB02
现场撕开去预热水封槽球阀 VD1329，气化炉出水进入渣池
导通预热水去激冷水管线的盲板 MB07
关闭渣池泵去真空闪蒸罐的阀门 FV1314

续表

打开渣池泵入激冷水管线的三道球阀 VD1316、VD1429、VD1430
关闭渣池泵去真空闪蒸罐的球阀 VD1508，确认预热水入激冷水管线畅通
关闭泵 P1401B 后阀 VD1433
停黑水循环泵 P1401B
关闭泵 P1401B 前阀 VD1432
停灰水循环泵 P1406A/B
关闭泵 P1406A 后阀 VD1706
停低压灰水泵 P1406A
关闭泵 P1406A 后阀 VD1705
停脱氧水泵 P1403A/B
关闭泵 P1403A 后阀 VD1914
停脱氧水升压泵 P1403A
关闭泵 P1403A 前阀 VD1913
停密封水泵 P1404A/B
关闭泵 P1404A 后阀 VD1918
停密封冲洗水泵 P1404A
关闭泵 P1403B 前阀 VD1917
停真空泵 P1412
关闭泵 P1412 前阀 VD1615
停真空泵 P1412
关闭泵 P1412 前阀 VD1616
关闭阀门 VA1613
关闭低压蒸汽入脱氧水槽阀 PV1404
关闭 PV1404 前阀 VD1926
关闭 PV1404 后阀 VD1925
关闭脱盐水入脱氧水槽阀 LV1403
关闭 LV1403 前阀 VD1901
关闭 LV1403 后阀 VD1902
关闭 P1407 后阀 VD1702
停澄清槽底物泵 P1407
关闭泵 P1407 前阀 VD1701
停澄清槽搅拌器
停滤饼皮带输送机按钮
停滤液槽搅拌器

第五节 操作常见问题及原因分析

以下所列是仿真训练中较为常见的问题，通过分析解决这些问题，有助于加深对化工操作调节的理解，建立工艺的系统性和整体性概念，提高操作技能。

下面略举几例，见表 1-2，其余由读者自行分析解决。

表 1-2 常见问题分析与处理

问题及现象	原因分析	解决措施
1. 煤浆出料槽泵 P1101A/B 无转速	(1)流程不通 (2)磨煤出料搅拌槽 V1102 无液位	(1)打开 LIC1102 调节阀 (2)建立磨煤出料搅拌槽 V1102 液位
2. 水洗塔 T1401 的 PIC1401 压力低	(1)去变换工段阀门开度过大 (2)去火炬调节阀开度过大	(1)减小 HV1501 阀门开度 (2)减小 PV1401A 阀门开度

续表

问题及现象	原因分析	解决措施
3. 锁斗 V1307 液位超高	(1)锁斗循环泵 P1302 输送流量过小 (2)锁斗冲洗水罐 V1308 冲洗阀 XV1314 开度过大 (3)锁斗出口阀 XV1313 开度过小	(1)增大 FV1312 阀门的开度 (2)冲洗阀 XV1314 开度关小 (3)适度增大 XV1313 开度
4. 气化炉温度超高	(1)煤浆浓度下降 (2)氧气流量偏高 (3)煤浆流量偏低	(1)增大磨煤机给料或减小水量调节煤浆浓度 (2)适当减小 FV1303A 的开度 (3)调整 P1201A 的转速
5. 出冷激室合成气温度高	(1)激冷水流量低 (2)激冷室液位低	(1)增大 FV1408 阀门的开度 (2)增大 FV1408 阀门的开度,减小黑水排放阀门 FV1307 的开度
6. 烧嘴冷却水出口温度高	烧嘴冷却水流量低	

第六节 造气操作实用技术问答

1. 阀门为何需要复位？

从工艺角度考虑，一般安全要求高的场合阀门都需要复位。故障状态下阀门的开关状态对安全有利，阀门就会处于这个状态。阀门复位包括现场复位和中控复位。现场复位的阀门，是要求操作人员在现场确认阀门状态正常后再复位，如果现场不复位，中控室无法将阀门复位或调整。这样可以防止 DCS 人员在没有确认阀门状态的情况下复位将阀门开启或关闭。

2. 什么叫化工生产中的旁路？有何作用？

旁路也叫副道，通常重要的管线、阀门、控制点都需要增设一个旁路，其主要作用是当主路出现故障需检修、拆卸或更换设备、管件、阀门时，可通过旁路维持正常的物料输送，保证生产正常进行。如主管路上的过滤器、疏水器、仪表、控制阀等，需要检修时，可临时走旁路，避免装置紧急停车。除此之外，旁路主要有以下几个用途：

(1) 对于介质温度较高的管道有软管的作用；

(2) 当用户需求流量较小时，起到小流量给水/汽的作用；

(3) 当介质压力较大的时候，主管阀门很大，又有高压介质顶着，阀门不容易打开，此时可以开启旁路阀来平衡主阀两边的压力，以便开启主阀；

(4) 吹扫时管道时，为保护主路的仪表、阀门，要走旁路；

(5) 装置正常运行之前需要外加能量而设置开工旁路。

3. 一般离心泵的开停车步骤有哪些？

(1) 开车（之前电机送电）

① 盘车一周以上，确认转子无卡涩；

② 检查油杯油位正常（1/2 以上）；

③ 确认出口阀门关闭，打开进口阀门；

④ 泵体进行排气，合格后关闭；

⑤ 打开最小流量返回阀；若有密封水投用密封水；

⑥ 投用轴承、密封水的冷却水；

⑦ 启动电机，出口压力正常后打开出口阀门，确认电机泵运转正常；

⑧ 若离心泵带辅油泵，先建立油循环后开泵；需要暖泵的必须暖泵合格。

(2) 停车

① 打开最小流量返回阀，关闭泵出口阀门，停下电机；若有辅油泵，确认其自启动，否则手动启动；

② 若要进行检修，离心泵断电，排油，置换合格后可交出检修。

4. 离心泵在运行过程中，出现轴承温度过高现象的原因有哪些？

(1) 转动部分平衡被破坏。

(2) 轴承箱内油过少或过多。

(3) 轴承和密封环磨损过多，导致转子偏心。

(4) 润滑油变质或太脏。

(5) 轴承冷却效果不好。

(6) 泵与原动机对中不好。

5. 润滑油的主要作用是什么？

(1) 在摩擦表面形成油楔和油膜，起润滑作用，防止干摩擦。

(2) 带走摩擦部位产生的热量，起冷却作用，以保证正常的温度。

(3) 带走运行中产生的机械杂质和金属粉末，起清洁作用，以保证润滑部位的正常运行。

(4) 承载作用。

6. 选择德士古烧嘴有哪些要求？

(1) 要有良好的雾化及混合效果，以获得较高的碳转化率。

(2) 要有良好的喷射角度和火焰长度，以防损坏耐火砖。

(3) 要具有一定的操作弹性，以满足气化炉负荷变化的需要。

(4) 要具有较长的使用寿命，以保证气化运行的连续性。

7. 德士古烧嘴损坏的主要原因是什么？

气化炉操作条件比较恶劣，固体冲刷，含硫气体腐蚀，再加上高温环境和热辐射，水煤浆喷嘴头部容易出现磨损和龟裂，使用寿命平均只有 60～90 天，需要定期倒炉以对喷嘴进行检查维护。

练 习 题

1. 德士古水煤浆加压气化的流程主要包括哪几个部分？

2. 简述德士古烧嘴冷却的目的和冷却水流动路线。

3. 简述德士古气化流程中黑水处理的目的。

4. 煤浆制浆过程中加入添加剂的目的是什么？

5. 如何调整氧煤比？

6. 在煤浆给料泵 P1201A 转速一定的情况下，如何调节入气化炉煤浆流量？

7. 燃气烘炉时，如何配合 HV1305 和 HV1306 两阀的开度调节气化炉温度？

8. 黑水进入澄清槽前加入絮凝剂的目的是什么？

9. 怎样调节 PIC1401 来控制水洗塔压力，并向后系统送气？

10. 为什么蒸发热水塔闪蒸气不回收？

事故及处理

1. 磨煤机轴瓦温度超高

开大 VA1102A/B,加大供油量也可降低轴瓦温度
开大 VA1105,加大冷却循环水量可降低轴瓦温度
调整磨煤机轴瓦温度 TIA9 在 45℃

2. 炉壁超温

适当降低中心氧流量,降低氧气负荷
适当降低煤浆流量,降低煤浆负荷
调整负荷后,炉温降低
缓慢调节去变换后系统阀门 HV1501,使系统压力维持 4.0MPa
调整中心氧流量,使炉壁温度 TI1312 恢复在 250℃

3. 气化炉渣口带压

调整中心氧流量阀门 FV1305A,提高氧煤比
气化炉操作温度逐步升高,进行融渣操作
调整中心氧量,使气化炉渣口压差 PDT1305 维持在 0.04MPa

4. 烧嘴冷却水泄漏

在烧嘴冷却系统界面点击"紧急停车"按钮,解决烧嘴冷却水通路泄漏问题

5. 蒸发热水塔超温

调节阀门 HV1404 加大低温冷凝液用量
通过调节 FV1422,减少自 P1406 的灰水流量
调节 PV1407A,减少自 R1301 进入蒸发热水塔的黑水量
调整蒸发热水塔出口温度 TI1407 在 155.0℃
调整中心氧流量,使炉壁温度 TI1312 恢复在 250℃

6. 锁斗故障

打开泄压阀 XV1315 对锁斗 V1307 进行泄压
待锁斗压力 PI1312 降到常压,关闭泄压阀门 XV1315
调节阀门 LV1309,使 V1307 的液位 95%以上
当 V1307 的液位满足条件后,关闭 XV1314
启动锁斗开车按钮
锁灰已正常生产

项目二　甲醇合成工段

第一节　生 产 原 理

甲醇生产的总流程长，工艺复杂。甲醇的合成是在高温、高压、催化剂存在下进行的，是典型的复合气-固相催化反应过程。随着甲醇合成催化剂技术的不断发展，目前甲醇生产工艺总的趋势是由高压向低、中压发展。

高压工艺流程一般指的是使用锌铬催化剂，在300～400℃，30MPa高温高压下合成甲醇的过程。自从1923年第一次用这种方法合成甲醇成功后，差不多有50年的时间，世界上合成甲醇生产都沿用这种方法，仅在设计上有某些细节不同，例如甲醇合成塔内移热的方法有冷管型连续换热式和冷激型多段换热式两大类；反应气体流动的方式有轴向和径向或者二者兼有的混合型式；有副产蒸汽和不副产蒸汽的流程等。近几年来，我国开发了25～27MPa压力下在铜基催化剂上合成甲醇的技术，出口气体中甲醇含量4%左右，反应温度230～290℃。

I.C.I低压甲醇法为英国I.C.I公司在1966年研究成功的甲醇生产方法。从而打破了甲醇合成的高压法的垄断，这是甲醇生产工艺上的一次重大变革，它采用51-1型铜基催化剂，合成压力5MPa。I.C.I法所用的合成塔为热壁多段冷激式，结构简单，每段催化剂层上部装有菱形冷激气分配器，使冷激气均匀地进入催化剂层，用以调节塔内温度。低压法合成塔的型式还有联邦德国Lurgi公司的管束型副产蒸汽合成塔及美国电动研究所的三相甲醇合成系统。20世纪70年代，我国轻工部四川维尼纶厂从法国Speichim公司引进了一套以乙炔尾气为原料日产300t低压甲醇装置（英国I.C.I专利技术）。20世纪80年代，齐鲁石化公司第二化肥厂引进了联邦德国Lurgi公司的低压甲醇合成装置。

中压法是在低压法研究基础上进一步发展起来的，由于低压法操作压力低，导致设备体积相当庞大，不利于甲醇生产的大型化。因此发展了压力为10MPa左右的甲醇合成中压法。它能更有效地降低建厂费用和甲醇生产成本。例如I.C.I公司研究成功了51-2型铜基催化剂，其化学组成和活性与低压合成催化剂51-1型差不多，只是催化剂的晶体结构不相同，制造成本比51-1型高贵。由于这种催化剂在较高压力下也能维持较长的寿命，从而使I.C.I公司有可能将原有的5MPa的合成压力提高到10MPa，所用合成塔与低压法相同也是四段冷激式，其流程和设备与低压法类似。

本仿真系统是对低压甲醇合成装置中管束型副产蒸汽合成系统的甲醇合成工段进行的。

一氧化碳、二氧化碳与氢气在铜基催化剂的作用下合成甲醇。在合成塔内主要发生的反应是：

$$CO_2+3H_2 \rightleftharpoons CH_3OH+H_2O+49kJ/mol$$

$$CO+2H_2 \rightleftharpoons CH_3OH+41kJ/mol$$

两式合并后即可得出CO生成CH_3OH的反应式：

$$CO+CO_2+4H_2 \rightleftharpoons 2CH_3OH+H_2O+151kJ/mol$$

主要的副反应有：

$$CO+3H_2 \longrightarrow CH_4+H_2O$$
$$2CO+2H_2 \longrightarrow CO_2+CH_4$$
$$4CO+8H_2 \longrightarrow C_4H_9OH+3H_2O$$
$$2CO+4H_2 \longrightarrow CH_3OCH_3+H_2O$$
$$2CH_3OH \longrightarrow CH_3OCH_3+H_2O$$
$$CH_3OH+nCO+2nH_2 \longrightarrow C_nH_{2n+1}CH_2OH+nH_2O$$
$$CH_3OH+nCO+2(n-1)H_2 \longrightarrow C_nH_{2n+1}COOH+(n-1)H_2O$$

这些副反应产物还可以进一步脱水、缩水、酰化或酮化生成烯烃、酯类、酮类等。当催化剂中含有碱性化合物时，这些化合物生成更快。

第二节　工艺条件

合成甲醇反应是多个反应同时进行的，除了主反应之外，还有生成二甲醚、异丁醇、甲烷等副反应。因此，如何提高合成甲醇反应的选择性，提高甲醇的收率是个核心问题，合成甲醇除了选择适当的催化剂之外，选择适宜的工艺条件也是很重要的。最主要的工艺条件是反应温度、压力、空速及原料气的组成等。

一、工艺条件的选择

1. 温度

在甲醇合成反应过程中，温度对于反应混合物的平衡和速率都有很大影响。

对于化学反应来说，温度升高会使分子的运动加快，分子间的有效碰撞增多，并使分子克服化合时阻力的能力增大，从而增加了分子有效结合的机会，使甲醇合成反应的速率加快；但是，由一氧化碳加氢生成甲醇的反应和由二氧化碳加氢生成甲醇的反应均为可逆的放热反应，对于可逆的放热反应来讲，温度升高固然使反应速率常数增大，但平衡常数的数值将会降低。因此，甲醇合成存在一个最适宜温度。温度过低达不到催化剂的活性温度，则反应不能进行。温度太高不仅增加了副反应，消耗了原料气，而且反应过快，温度难以控制，容易使催化剂衰老失活。

一般工业生产中反应温度取决于催化剂的活性温度，不同催化剂其反应温度不同。在本工艺中采用铜基催化剂的活性温度为 200～290℃，其在活性温度范围内较适宜的操作温度区间为 230～270℃。

另外为了延长催化剂寿命，反应初期宜采用较低温度，使用一段时间后再升温至适宜温度。

2. 压力

从热力学分析，甲醇合成是体积缩小的反应，因此增加压力对平衡有利，可提高甲醇平衡产率。在高压下，因气体体积缩小了，则分子之间相碰的机会和次数就会增多，甲醇合成反应速率也就会因此加快，增加了装置的生产能力。但压力的提高对设备的材质、加工制造的要求也会提高，原料气压缩功耗也会增加以及由于副产物的增加还会引起产品质量的变差。所以工厂对压力的选择要在技术、经济等方面综合考虑。目前普遍使用的铜系催化剂，其活性温度低，操作压力可降至 5MPa。

3. 气体组成

（1）惰性气体（CH_4、N_2、Ar）　甲醇原料气的主要组分是CO、CO_2与H_2，其中还含有少量的CH_4或N_2等其他气体组分。CH_4或N_2在合成反应器内不参与甲醇的合成反应，会在合成系统中逐渐累积而增多。这些不参与甲醇合成反应的气体称之为惰性气体。合成系统中惰性气体含量的高低，影响到合成气中有效气体成分的高低。惰性气体的存在引起CO、CO_2、H_2分压的下降。

合成系统中惰性气体含量，取决于进入合成系统中新鲜气中惰性气体的多少和从合成系统排放的气量的多少。排放量过多，增加新鲜气的消耗量，损失原料气的有效成分。排放量过少则影响合成反应进行。

调节惰性气体的含量，可以改变触媒床层的温度分布和系统总体压力。当转化率过高而使合成塔出口温度过高时，提高惰性气体含量可以解决温度过高的问题。此外，在给定系统压力操作下，为了维持一定的产量，必须确定适当的惰性气体含量，从而选择（驰放气）合适的排放量。一般控制的原则：在催化剂使用初期活性较好，或者是合成塔的负荷较轻、操作压力较低时，可将循环气中的惰性气体含量控制在15%左右；反之，则控制在15%～18%。

（2）氢碳比　从化学反应方程式来看，合成甲醇时CO与H_2的分子比为1∶2，CO_2与H_2的分子比为1∶3，这时可以得到甲醇最大的平衡浓度。而且在其他条件一定的情况下，可使甲醇合成的瞬间速率最大。但由生产实践证明，当CO含量高时，温度不易控制，且会导致羰基铁聚集在催化剂上，引起催化剂失活，同时由于CO在催化剂的活性中心的吸附速率比H_2要快得多，所以要求反应气体的氢含量要大于理论量，以提高反应速率。氢气过量同时还能抑制高级醇、高级烃和还原性质的生成，提高粗甲醇的浓度和纯度。又因氢的导热性好，可有利于防止局部过热和降低整个催化剂层的温度。CO_2不仅是催化剂活性中心的保护剂，还可以减少反应热量的放出，利于床层温度控制，同时还抑制二甲醚的生成。工业生产中用铜系催化剂进行生产时，氢碳比$(H_2-CO_2)/(CO+CO_2)=2.05\sim2.15$，$CO_2$在3%～5%为宜。

4. 空速

气体与催化剂接触时间的长短，通常以空速来表示，即单位时间内，每单位体积催化剂所通过的气体量。其单位是$m^3/(m^3$催化剂·h）时，简写为h^{-1}。

在甲醇生产中，气体一次通过合成塔仅能得到3%～6%的甲醇，新鲜气的甲醇合成率不高，因此新鲜气必须循环使用。此时，合成塔空速常由循环机动力、合成系统阻力等因素来决定。如果采用较低的空速，反应过程中气体混合物的组成与平衡组成较接近，催化剂的生产强度较低，但是单位甲醇产品所需循环气量较小，气体循环的动力消耗较少，预热未反应气体到催化剂进口温度所需换热面积较小，并且离开反应器气体的温度较高，其热能利用价值较高。

如果采用较高的空速，催化剂的生产强度虽可以提高，但增大了预热所需传热面积，出塔气热能利用价值降低，增大了循环气体通过设备的压力降及动力消耗，并且由于气体中反应产物的浓度降低，增加了分离反应产物的费用。

另外，空速增大到一定程度后，催化床温度将不能维持。在甲醇合成生产中，空速一般控制在10000～30000h^{-1}之间。

二、操作控制方案

1. 温度控制方案

反应器的温度主要是通过汽包压力来调节，如果反应器的温度较高并且升温速度较快，这时应将汽包蒸汽出口开大，增加蒸汽采出量，同时降低汽包压力，使反应器温度降低或温升速度变小；如果反应器的温度较低并且升温速度较慢，这时应将汽包蒸汽出口关小，减少蒸汽采出量，慢慢升高汽包压力，使反应器温度升高或温降速度变小；如果反应器温度仍然偏低或温降速度较大，可通过开启开工喷射器 X601 来调节。

2. 压力控制方案

系统压力主要靠混合气入口量 FRCA6001、H_2 入口量 FRCA6002、放空量 FRCA6004 以及甲醇在分离罐中的冷凝量来控制；在原料气进入反应塔前有一安全阀，当系统压力高于 5.7MPa 时，安全阀会自动打开，当系统压力降回 5.7MPa 以下时，安全阀自动关闭，从而保证系统压力不至过高。

3. 原料气组成控制方案

合成原料气在反应器入口处各组分的含量是通过混合气入口量 FRCA6001、H_2 入口量 FRCA6002 以及循环量来控制的，冷态开车时，由于循环气的组成没有达到稳态时的循环气组成，需要慢慢调节才能达到稳态时的循环气的组成。调节组成的方法是：

① 如果增加循环气中 H_2 的含量，应开大 FRCA6002、增大循环量并减小 FRCA6001，经过一段时间后，循环气中 H_2 含量会明显增大；

② 如果减小循环气中 H_2 的含量，应关小 FRCA6002、减小循环量并增大 FRCA6001，经过一段时间后，循环气中 H_2 含量会明显减小；

③ 如果增加反应塔入口气中 H_2 的含量，应关小 FRCA6002 并增加循环量，经过一段时间后，入口气中 H_2 含量会明显增大；

④ 如果降低反应塔入口气中 H_2 的含量，应开大 FRCA6002 并减小循环量，经过一段时间后，入口气中 H_2 含量会明显增大。循环量主要是通过透平来调节。由于循环气组分多，所以调节起来难度较大，不可能一蹴而就，需要一个缓慢的调节过程。调平衡的方法是：通过调节循环气量和混合气入口量使反应入口气中 H_2/CO（体积比）在 7～8 之间，同时通过调节 FRCA6002，使循环气中 H_2 的含量尽量保持在 79%左右，同时逐渐增加入口气的量直至正常［FRCA6001 的正常量为 $14877m^3$（标）/h，FRCA6002 的正常量为 $13804m^3$（标）/h］，达到正常后，新鲜气中 H_2 与 CO 之比（FFR6002）在 2.05～2.15 之间。

第三节 流 程 分 析

一、合成工段工艺流程

甲醇合成装置仿真系统的设备包括蒸汽透平（T601）、循环气压缩机（C601）、甲醇分离器（F602）、精制水预热器（E602）、中间换热器（E601）、最终冷却器（E603）、甲醇合成塔（R601）、蒸汽包（F601）以及开工喷射器（X601）等。

甲醇合成是强放热反应，进入催化剂层的合成原料气需先加热到反应温度（>210℃）才能反应，而低压甲醇合成催化剂（铜基触媒）又易过热失活（>280℃），就必须将甲醇合成反应热及时移走，本反应系统将原料气加热和反应过程中移热结合，反应器和换热器结合连续移热，同时达到缩小设备体积和减少催化剂层温差的作用。低压合成甲醇的理想合成压力为 4.8～5.5MPa，在本仿真中，假定压力低于 3.5MPa 时反应即停止。

蒸汽驱动透平带动压缩机运转，提供循环气连续运转的动力，并同时往循环系统中补充

H_2 和混合气（$CO+H_2$），使合成反应能够连续进行。反应放出的大量热通过蒸汽包（F601）移走，合成塔入口气在中间换热器（E601）中被合成塔出口气预热至大于 210℃后进入合成塔（R601），合成塔出口气由 255℃依次经中间换热器（E601）、精制水预热器（E602）、最终冷却器（E603）换热至 40℃，与补加的 H_2 混合后进入甲醇分离器（F602），分离出的粗甲醇送往精馏系统进行精制，气相的一小部分送往火炬，气相的大部分作为循环气被送往压缩机（C601），被压缩的循环气与补加的混合气混合后经（E601）进入反应器（R601）（如图 2-1～图 2-4 所示）。

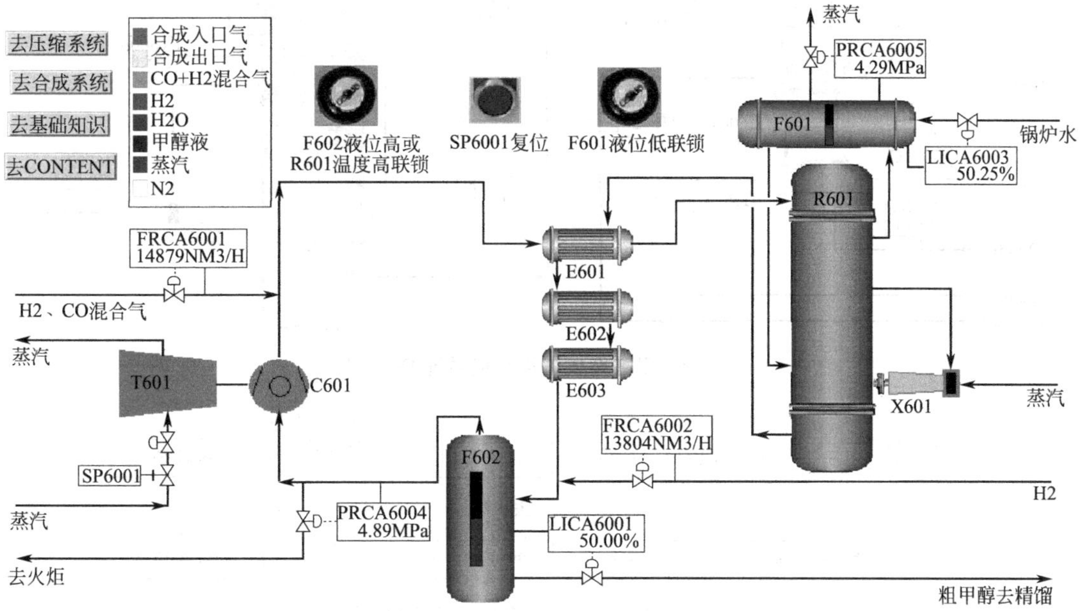

图 2-1　甲醇合成工段总图

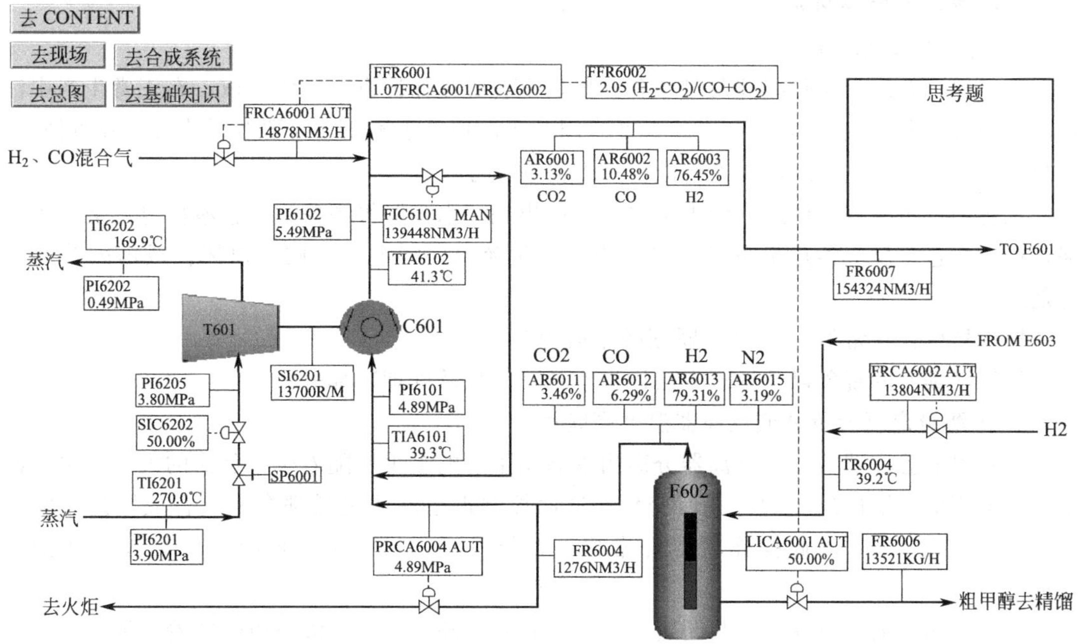

图 2-2　甲醇合成工段压缩系统 DCS 图

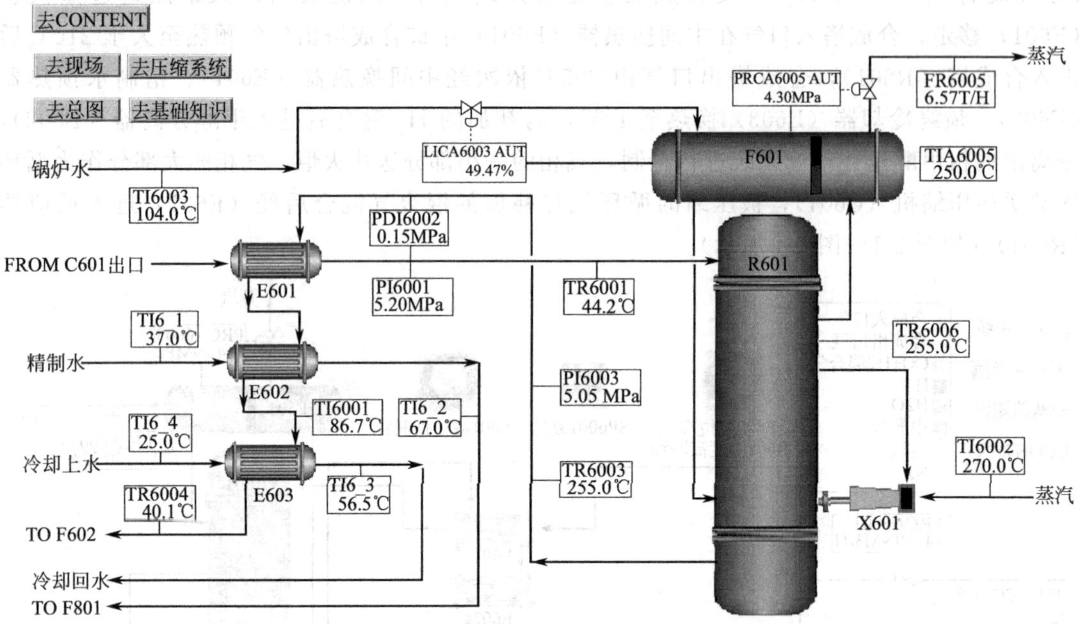

图 2-3　甲醇合成工段合成系统 DCS 图

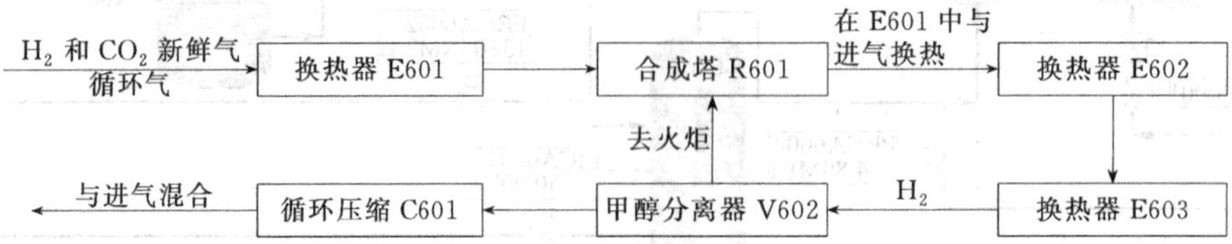

图 2-4　甲醇合成工段合成系统流程框图

二、装置的联锁保护

1. 汽包液位低联锁

为了保证合成反应热能够及时顺利移出，汽包必须保证有一定的液位，在正常生产中汽包液位一般控制在汽包容积的 1/3～1/2 之间，当液位处于不正常时要及时检查、及时报告、尽快恢复正常，防止压缩机因汽包液位过低而联锁停车。

汽包液位过高，会使蒸汽管中带水，可能出现“水击”等现象；汽包液位过低会出现干锅，损坏汽包，反应器热量不能及时移出，发生超温，严重的时候会损坏合成塔列管和催化剂。

操作指标：正常值为 50%；联锁跳车值为 5%。

发生联锁时的现象以及处理方法详见本章“事故及处理”部分。

2. 甲醇分离器液位高或反应器温度高联锁

（1）甲醇分离器液位　分离器分离出液态粗甲醇的多少，随着生产负荷的大小、水冷器出口温度高低、塔内反应的好坏而变化，液面控制得过高或过低都会影响合成塔的正常操作，甚至造成事故。因此操作者要经常检查，早发现，早调节，将液位严格控制在指标之内。

如果分离器液位过高，会封闭进气管，导致系统超压；会使液态甲醇随着气体带入压缩机，产生液击损坏机器，而且入塔气中甲醇含量增高，恶化了合成塔内的反应，加剧了合成副反应的进行而使粗甲醇质量下降。如果液位过低则易发生窜气，高压气窜入低压设备系统，造成爆炸等其它事故。

操作指标：正常值为50%；联锁跳车值为70%。

（2）反应器温度　合成塔壳程的锅炉水，吸收管程内甲醇合成的反应热后变成一定温度的沸腾水，沸腾水上升进入汽包后在汽包内上部形成与沸腾水温度相对应得饱和蒸汽压，即为汽包所控制的蒸汽压力，合成塔催化剂的温度就是靠调节汽包压力得以实现。因此通过调节汽包压力就可相应的调节反应器的温度。

反应器超温，会导致催化剂和列管损坏。反应器温度过低，会影响催化剂的活性，粗甲醇收率降低，大量未反应物会增加压缩机的功耗。

操作指标：正常值为255℃；联锁跳车值为270℃。

另外，生产负荷、循环量、气体成分、冷凝冷却温度等的改变都能引起反应器温度的改变，必要时应及时调节汽包压力，维持其正常操作温度，避免大幅度波动。

发生联锁时的现象，以及处理方法详见本章“事故及处理”部分。

第四节　岗位操作步骤详解

一、冷态开车

1．流程分析

（1）引锅炉水　本步骤控制指标要求：汽包液位LICA6003为50%，同时液位不能超过75%或者低于35%，严禁未开放空阀就开始建立液位。

操作步骤	步骤解析
依次开启汽包F601锅炉水、控制阀LICA6003、入口前阀VD6009	将锅炉水引进汽包
当汽包液位LICA6003接近50%时，投自动，如果液位难以控制，可手动调节	控制汽包液位
汽包设有压力调节阀SV6001，当汽包压力PRCA6005超过5.0MPa时，压力调节阀会自动打开，从而保证汽包的压力不会过高，进而保证反应器的温度不至于过高	通过压力调节阀开闭调节汽包压力，进而控制反应体系温度

（2）N_2置换　本步骤控制指标要求：系统压力PI6001控制在0.5MPa，氧含量稀释至0.25%以下。同时系统压力不超过0.55MPa。严禁在氧含量处于0.25%以上时结束系统N_2置换操作。

操作步骤	步骤解析
现场开启低压N_2入口阀V6008（微开）	向系统充N_2
依次开启PRCA6004前阀VD6003、控制阀PRCA6004、后阀VD6004，如果压力升高过快或降压过程降压速度过慢，可开副线阀V6002	N_2置换系统氧气
将系统中含氧量稀释至0.25%以下，在吹扫时，系统压力PI6001维持在0.5MPa附近，但不要高于1MPa 当系统压力PI6001接近0.5MPa时，关闭V6008和PRCA6004，进行保压	置换氧气，并对系统升压 保压的作用？ 如果系统压力PI6001不降低，说明系统气密性较好，可以继续进行生产操作；如果系统压力PI6001明显下降，则要检查各设备及其管道，确保无问题后再进行生产操作

(3) 建立循环　本步骤控制指标要求：注意 TR6006 不要超过 80℃。

操作步骤	步骤解析
手动开启 FIC6101，防止压缩机喘振，在压缩机出口压力 PI6101 大于系统压力 PI6001 且压缩机运转正常后关闭	开循环压缩机增压 什么是压缩机的喘振，如何防范？ 当离心压缩机的入口流量不能满足运行转速条件下需要的流量，造成进入叶轮的气体在叶轮背侧回流，出口压力低于压缩机出口管网的压力，使得气体倒流至压缩机流道内，产生撞击，直至压缩机入口气量累计足够，出口压力恢复，压缩机又可打量。但是一旦打量之后入口压力又不足，然后出口管网气体又倒流，产生周期性的打量和压力的波动，伴随着很大的间歇性噪声，有如喘声，机组发生剧烈的振动，故名为喘振。防喘的方法是保证在一定转速下的流量不低于喘振流量，即在一定出进口压力比下的流量不低于安全余量给定的流量。通常采用回流的方式，这样既可降低出口压力，同时能增加入口流量
开启压缩机 C601 入口前阀 VD6011 开透平 T601 前阀 VD6013、控制阀 SIS6202、后阀 VD6014，为循环压缩机 C601 提供运转动力。调节控制阀 SIS6202 使转速不致过大 开启 VD6015，投用压缩机	高压蒸汽带动透平叶轮工作，为循环压缩机提供运转动力
待压缩机出口压力 PI6102 大于系统压力 PI6001 后，开启压缩机 C601 后阀 VD6012	压缩机稳定工作后，打通循环回路

(4) 反应器升温　本步骤控制指标要求：严禁反应器温度超过 280℃。

操作步骤	步骤解析
开启开工喷射器 X601 的蒸汽入口阀 V6006，注意调节 V6006 的开度，使反应器温度 TR6006 缓慢升至 210℃	通过蒸汽对反应器升温
开 V6010，投用换热器 E602 开 V6011，投用换热器 E603，使 TR6004 不超过 100℃	开启冷却水阀门，投用换热器，调节反应后混合气进气液分离器的温度
当 TR6004 接近 200℃，依次开启汽包蒸汽出口前阀 VD6007、控制阀 PRCA6005、后阀 VD6008，并将 PRCA6005 投自动，设为 4.3MPa，如果压力变化较快，可手动调节	通过汽包的压力来控制反应器的温度

(5) 投原料气　本步骤控制指标要求：系统压力控制在 5MPa。严禁系统压力超过 5.5MPa，严禁氮气含量在 1.3%以上时投入氢气和一氧化碳的混合气。

操作步骤	步骤解析
依次开启混合气入口前阀 VD6001、控制阀 FRCA6001、后阀 VD6002 开启 H_2 入口阀 FRCA6002	连通新鲜混合气、H_2 的流程
注意调节 SIC6202，保证循环压缩机的正常运行	防止喘振
按照体积比约为 1∶1 的比例，将系统压力缓慢升至 5.0MPa 左右(但不要高于 5.5MPa)，将 PRCA6004 投自动，设为 4.90MPa。此时关闭 H_2 入口阀 FRCA6002 和混合气控制阀 FRCA6001，进行反应器升温	通过 PRCA6004 来调节系统压力

(6) H_2 置换充压　本步骤控制指标要求：氮气含量最终要达到 1%以下，系统压力 PI6001 要控制在 2MPa。严禁压力超过 2.5MPa，严禁氮气含量未达标时通氢气。氮气含量高于 1%时不能结束氢气置换操作。

操作步骤	步骤解析
通 H_2 前，先检查含 O_2 量，若高于 0.25%(体积)，应先用 N_2 稀释至 0.25%以下再通 H_2	避免到达 H_2 的爆炸极限
现场开启 H_2 副线阀 V6007，进行 H_2 置换，使 N_2 的体积含量在 1%左右 开启控制阀 PRCA6004，充压至 PI6001 为 2.0MPa，但不要高于 2.5MPa	H_2 置换 N_2，并对系统增压
注意调节进气和出气的速度，使 N_2 的体积含量降至 1%以下，而系统压力至 PI6001 升至 2.0MPa 左右。此时关闭 H_2 副线阀 V6007 和压力控制阀 PRCA6004	控制体系 N_2 的含量，并调节系统压力

(7) 调至正常 调至正常过程较长，并且不易控制，需要慢慢调节。本步骤控制指标要求：分离罐液位 LICA6001 控制在 50%，AR6011 控制在 3.5%，AR6012 控制在 6.29%，AR6013 控制在 79.3%，系统压力 PI6001 控制在 5.2MPa，反应器温度控制在 255℃，汽包温度控制在 250℃，汽包压力控制在 4.3MPa，FFR6001 控制在 2.10MPa。严禁汽包温度超过 270℃，系统压力超过 5.7MPa，汽包压力超过 4.9MPa。

操作步骤	步骤解析
反应开始后，关闭开工喷射器 X601 的蒸汽入口阀 V6006	甲醇合成反应是放热反应，一旦反应开始不需要外界辅助加热
缓慢开启 FRCA6001 和 FRCA6002，向系统补加原料气。注意调节 SIC6202 和 FRCA6001，使入口原料气中 H_2 与 CO 的体积比约为(7～8)∶1，随着反应的进行，逐步投料至正常[FRCA6001 约为 14877m^3(标)/h]，FRCA6001 约为 FRCA6002 的 1～1.1 倍。将 PRCA6004 投自动，设为 4.90MPa	通过 FRCA6001 和 FRCA6002 控制进入反应器的原料配比。用 PRCA6004 来控制体系的压力，同时可以排放部分惰性气体，有利于甲醇的合成
有甲醇产出后，依次开启粗甲醇采出现场前阀 VD6003、控制阀 LICA6001、后阀 VD6004，并将 LICA6001 投自动，设为 40%，若液位变化较快，可手动控制	控制 LICA6001 的液位，超过 40%，粗甲醇出料，去精制工序
如果系统压力 PI6001 超过 5.8MPa，系统安全阀 SV6001 会自动打开，若压力变化较快，可通过减小原料气进气量并开大放空阀 PRCA6004 来调节	控制体系的压力，保证稳定生产
体系达到稳态后，投用联锁，在 DCS 图上按"F602 液位高或 R601 温度高联锁"按钮和"F601 液位低联锁"按钮	保证反应系统的安全、稳定生产

备注：本部分 (4) 与 (6) 顺序进行了调换。因为工厂中合成塔升温一定是在纯氮气或纯氢气的状态下进行升温，主要是可以避免低温下合成塔内发生副反应对催化剂造成影响或伤害。

投料至正常后，循环气中 H_2 的含量能保持在 79.3%左右，CO 含量达到 6.29%左右，CO_2 含量达到 3.5%左右，说明体系已基本达到稳态。

循环气的正常组成见表 2-1。

表 2-1 循环气组成

组成	CO_2	CO	H_2	CH_4	N_2	Ar	CH_3OH	H_2O	O_2	高沸点物
体积分数/%	3.5	6.29	79.31	4.79	3.19	2.3	0.61	0.01	0	0

2. 主要工艺控制指标

(1) 控制指标

序号	位号	正常值	单位	说明
1	FIC6101		m^3/h	压缩机 C601 防喘振流量控制
2	FRCA6001	14877	m^3/h	H_2、CO 混合气进料控制
3	FRCA6002	13804	m^3/h	H_2 进料控制
4	PRCA6004	4.9	MPa	循环气压力控制
5	PRCA6005	4.3	MPa	汽包 F601 压力控制
6	LICA6001	40	%	分离罐 F602 液位控制
7	LICA6003	50	%	汽包 F6012 液位控制
8	SIC6202	50	m^3/h	透平 T601 蒸汽进量控制

(2) 仪表

序号	位号	正常值	单位	说明
1	PI6201	3.9	MPa	蒸汽透平 T601 蒸汽压力
2	PI6202	0.5	MPa	蒸汽透平 T601 进口压力
3	PI6205	3.8	MPa	蒸汽透平 T601 出口压力
4	TI6201	270	℃	蒸汽透平 T601 进口温度
5	TI6202	170	℃	蒸汽透平 T601 出口温度
6	SI6201	3.8	r/min	蒸汽透平转速
7	PI6101	4.9	MPa	循环压缩机 C601 入口压力
8	PI6102	5.7	MPa	循环压缩机 C601 出口压力
9	TIA6101	40	℃	循环压缩机 C601 进口温度
10	TIA6102	44	℃	循环压缩机 C601 出口温度
11	PI6001	5.2	MPa	合成塔 R601 入口压力
12	PI6003	5.05	MPa	合成塔 R601 出口压力
13	TR6001	46	℃	合成塔 R601 进口温度
14	TR6003	255	℃	合成塔 R601 出口温度
15	TR6006	255	℃	合成塔 R601 温度
16	TI6001	91	℃	中间换热器 E601 热物流出口温度
17	TR6004	40	℃	分离罐 F602 进口温度
18	FR6006	13904	kg/h	粗甲醇采出量
19	FR6005	5.5	t/h	汽包 F601 蒸汽采出量
20	TIA6005	250	℃	汽包 F601 温度
21	PDI6002	0.15	MPa	合成塔 R601 进出口压差
22	AD6011	3.5	%	循环气中 CO_2 的含量
23	AD6012	6.29	%	循环气中 CO 的含量
24	AD6013	79.31	%	循环气中 H_2 的含量
25	FFR6001	1.07		混合气与 H_2 体积流量之比
26	TI6002	270	℃	喷射器 X601 入口温度
27	TI6003	104	℃	汽包 F601 入口锅炉水温度
28	LI6001	40	%	分离罐 F602 现场液位显示
29	LI6003	50	%	分离罐 F602 现场液位显示
30	FFR6001	1.07		H_2 与混合气流量比
31	FFR6002	2.05～2.15		新鲜气中 H_2 与 CO 比

附： 冷态开车操作步骤

（1）系统置换

缓慢开启低压氮气入口阀 V6008
开启 PRCA6004 前阀 VD6003
开启 PRCA6004 后阀 VD6004
开启 PRCA6004
系统压力 PI6001 超过 0.55MPa
当 PI6001 接近 0.5MPa 系统中含氧量降至 0.25%以下时，关闭 V6008
关闭 PRCA6004，进行氮气保压
系统压力 PI6001 维持 0.5MPa 保压
将系统中含氧量稀释至 0.25%以下
结束氮气置换时系统中含氧量高于 0.25%

（2）建立氮气循环

开 V6010，投用换热器 E602
开 V6011，投用换热器 E603，使 TR6004 不超过 60℃
使“油系统操作”按钮处于按下状态，完成油系统操作
开启 FIC6101，防止压缩机喘振，当 PI6102 大于压力 PI6001 且压缩机运转正常后关闭
开启压缩机 C601 前阀 VD6011
按 RESET6001 按钮，使 SP6001 复位
开启透平 T601 前阀 VD6013
开启透平 T601 后阀 VD6014
开启透平 T601 控制阀 SIC6202
PI6102 大于 PI6001 后，开启压缩机 C601 后阀 VD6012
TR6004 超过 60℃

（3）建立汽包液位

开汽包放空阀 V6015
开汽包 F601 进锅炉水控制阀 LV6003 前阀 VD6009
开汽包 F601 进锅炉水控制阀 LV6003 后阀 VD6010
开汽包 F601 进锅炉水入口控制器 LICA6003
液位超过 20%后，关汽包放空阀 V6015
汽包液位 LICA6003 接近 50%时，投自动
将 LICA6003 的自动值设置为 50%
汽包液位 LICA6003 超过 75%
汽包液位 LICA6003 低于 35%
未开放空阀就建立液位

（4）反应器升温

开启喷射器 X601 的蒸汽入口阀 V6006，使反应器温度 TR6006 缓慢升至 210℃

（5）投原料气

开启 FRCA6001 前阀 VD6001
开启 FRCA6001 后阀 VD6002
开启 FRCA6001(缓开)，同时注意调节 SIC6202，保证循环压缩机的正常运行
开启 FRCA6002
系统压力 PI6001 升至 5.0MPa
系统压力 PI6001 在 5.0MPa 时，关闭 FRCA6001
系统压力 PI6001 在 5.0MPa 时，关闭 FRCA6002
通 H_2、CO 混合气时，N_2 含量过高
系统压力 PI6001 超过 5.5MPa

（6）氢气置换充压

现场开启 V6007，进行氢气置换、充压
开启 PRCA6004
系统压力 PI6001 超过 2.5MPa
将氮气的体积含量降至 1%
将系统压力 PI6001 升至 2.0MPa
氮气的体积含量和系统压力合格后，关闭 V6007
氮气的体积含量和系统压力合格后，关闭 PRCA6004
置换不合格就通氢气
结束氢气置换时系统中含氮量高于 1%

（7）调至正常

反应稳定后关闭开工喷射器 X601 的蒸汽入口阀 V6006
缓慢开启 FRCA6001，调节 SIC6202，最终加量至正常[14877m^3(标)/h]
缓慢开启 FRCA6002，投料达正常时 FFR6001 约为 1
将 PRCA6004 投自动，设为 4.90MPa
开启粗甲醇采出现场前阀 VD6005
开启粗甲醇采出现场后阀 VD6006
当 F602 液位超过 30%，开启 LICA6001
开启 LICA6001 接近 50%，投自动
将 LICA6001 设为 50%
开启汽包蒸汽出口前阀 VD6007
开启汽包蒸汽出口后阀 VD6008
当汽包压力达到 2.5MPa 后，开 PRCA6005 并入中压蒸汽管网
汽包蒸汽出口控制器 PRCA6005 接近 4.3MPa，投自动
将 PRCA6005 设定为 4.3MPa
调至正常后，在总图上将“I 6001”打向 AUTO
调至正常后，在总图上将“I 6002”打向 AUTO
将新鲜气中 H_2 与 CO 比 FFR6002 控制在 2.05～2.15 之间
将分离罐液位 LICA6001 控制在 50%
将循环气中 CO_2 的含量调至 3.5%左右
将循环气中 CO 的含量调至 6.29%左右
将循环气中 H_2 的含量调至 79.3%左右
将系统 PI6001 控制在 5.2MPa
将反应器温度 TR6006 控制在 255℃
将汽包温度 TIA6005 控制在 250℃
将汽包压力 PRCA6005 控制在 4.3MPa

二、正常停车

合成工段正常停车包括停原料气、开蒸汽继续维持反应、汽包降压、反应器降温、停压缩机、停冷却水几个部分。本部分详细的步骤分析由读者自行完成。

（1）停原料气

① 将 FRCA6001 改为手动，关闭，现场关闭 FRCA6001 前阀 VD6001、后阀 VD6002；

② 将 FRCA6002 改为手动，关闭；

③ 将 PRCA6004 改为手动，关闭。

（2）开蒸汽　开蒸汽阀 V6006，投用 X601，使 TR6006 维持在 210℃以上，使残余气体继续反应。

（3）汽包降压

① 残余气体反应一段时间后，关蒸汽阀 V6006；

② 将 PRCA6005 改为手动调节，逐渐降压；

③ 关闭 LICA6003 及其前后阀 VD6010、VD6009，停锅炉水。

（4）R601 降温

① 手动调节 PRCA6004，使系统泄压；

② 开启现场阀 V6008，进行 N_2 置换，使 $H_2+CO_2+CO<1\%$（体积分数）；

③ 保持 PI6001 在 0.5MPa 时，关闭 V6008；

④ 关闭 PRCA6004；

⑤ 关闭 PRCA6004 的前阀 VD6003、后阀 VD6004。

（5）停 C/T601

① 关 VD6015，停用压缩机；

② 逐渐关闭 SIC6202；

③ 关闭现场阀 VD6013；

④ 关闭现场阀 VD6014；

⑤ 关闭现场阀 VD6011；

⑥ 关闭现场阀 VD6012。

（6）停冷却水

① 关闭现场阀 V6010，停冷却水；

② 关闭现场阀 V6011，停冷却水。

附： 正常停车操作步骤

（1）停原料气

将 FRCA6001 改为手动
将 FRCA6001 关闭
现场关闭 FRCA6001 前阀 VD6001
现场关闭 FRCA6001 后阀 VD6002
将 FRCA6002 改为手动
将 FRCA6002 关闭
将 PRCA6004 改为手动调节，以一定的速度降压
将 PRCA6005 改为手动调节，尽量维持 4.3MPa
使 H_2、CO 混合气进量为 0
使 H_2 进量为 0

(2) 开蒸汽喷射器

开蒸汽阀 V6006,投用 X601,使 TR6006 维持在 210℃以上
开大 PRCA6004,降低系统压力,同时关小压缩机
将 LICA6003 改为手动
将反应器温度 TR6006 控制在 210℃以上
反应阶段反应器温度 TR6006 低于 210℃

(3) 降温降压

残余气体反应一段时间后,关蒸汽阀 V6006
全开 E602 冷却水阀 V6010
全开 E602 冷却水阀 V6011
全开 PRCA6005
全开 PRCA6004,并逐渐减小压缩机转速
当汽包压力降至接近 2.5MPa 后,关闭 PRCA6005
现场关闭 PRCA6005 前阀 VD6007
现场关闭 PRCA6005 后阀 VD6008
开现场放空阀 V6015,泄压至常压
将 LICA6003 关闭
关闭 LICA6003 的前阀 VD6010
关闭 LICA6003 的后阀 VD6009
汽包压力降至常压后,关闭 V6015

(4) 停 C/T601

逐渐关闭 SIC6202
关闭现场阀 VD6013
关闭现场阀 VD6014
关闭现场阀 VD6011
关闭现场阀 VD6012
使"油系统操作"按钮处于弹起状态,停用压缩机油系统和密封系统
将 I 6001 打向 Bypass
将 I 6002 打向 Bypass

(5) N_2 置换

开启现场阀 V6008,进行 N_2 置换,使 $H_2+CO_2+CO<1\%$(体积分数)
保持 PI6001 在 0.5MPa 时,关闭 V6008
关闭 PRCA6004
关闭 PRCA6004 的前阀 VD6003
关闭 PRCA6004 的后阀 VD6004
将 N_2 的体积含量升至 99.9%
维持系统 PI6001 在 0.5MPa,N_2 保压

(6) 停冷却水

关闭现场阀 V6010
关闭现场阀 V6011

第五节　操作常见问题及原因分析

合成甲醇流程控制的重点是反应器的温度、系统压力以及合成原料气在反应器入口处各组分的含量。

在实际仿真操作中，围绕重要参数控制出现了一些较为普遍和代表性的问题，略举几例，见表2-4，其余由读者自行分析解决。

表2-4　常见问题分析及处理

问题及现象	原因分析	解决措施
1. 汽包压力高	(1)流程不通 (2)反应器温度过高，反应剧烈 (3)汽包液位低	(1)打开蒸汽调节阀的前后阀 (2)手动开大蒸汽阀PRCA6005的开度 (3)增大LICA6003的开度
2. 反应器超温	(1)升温太快，由于数据的滞后性，导致温度超高 (2)原料投料量过大	(1)缓慢升高反应器温度 (2)减小原料投料量
3. 分离器F602无液位	(1)氢碳比偏低，转化率低 (2)冷凝器冷却效果差 (3)粗甲醇出料量太大 (4)循环气量进入反应器的量少 (5)开工反应器升温过程中，温度低于210℃进行投料 (6)蒸汽压力PRCA6005低，则反应器温度偏低，甲醇转化率低 (7)压缩机转速低，导致循环气量小，甲醇转化率低	(1)提高氢碳比 (2)全开冷却水阀门V6010、V6011 (3)适度减小LICA6001开度 (4)加大循环量，或将防喘振阀关闭 (5)反应器温度升高至210℃再投料 (6)提高反应器的温度 (7)提高压缩机转速，增大循环气量
4. PRCA6004显示压力高	(1)反应后的混合气未充分冷却 (2)氢气投料量过大	(1)全开冷却水阀门V6010、V6011 (2)适当减小V6006的开度

第六节　合成操作实用技术问答

1. 透平停车后为什么要加强盘车？

停车后透平缸内温度很高，而且上、下不存在温差，对于静止不动的转子因此会弯曲变形，再则由于转子本身重力的作用，也会造成转子的弯曲，盘车的目的是使转子能均匀冷却，不使转子单方向长时间受力，避免转子弯曲变形。

2. 什么叫锅炉？

锅炉一般指水蒸气锅炉，即利用燃料燃烧放出的热量，通过金属壁面将水加热产生蒸汽的热工设备。最初的锅炉是由锅和炉两大部分组成的。锅是装水的容器，由锅筒和许多钢管组成；炉是燃料燃烧的场所。随着技术的进步，不断地改进锅炉结构以提高热效率和利用废热，在现代工业应用的复杂锅炉中，“锅”主要由汽包、水冷壁、对流管、过热管和水预热器等组成；“炉”指辐射室、对流室等能提供热源的地方。

3. 汽包的主要功能及作用是什么？

汽包的主要功能是：存水、汽水分离、水渣分离。汽包在废热锅炉的上部，又叫上汽包，是一个钢制圆筒形密闭的受压容器，其作用是贮存足够数量高位能的水，以便炉水在汽包和废热锅炉（换热管束）之间循环产生蒸汽，同时提供汽水分离的空间，通过内置旋风分离器使汽水分离。

4. 什么是水击，如何防止？

在压力管道中，由于蒸汽流速的急剧变化，造成管道中液体显著反复迅速变化的现象叫水击。水击可使管道产生很大的应力，而振动可造成管道设备的损坏。

为了防止水击的产生，可采用延长阀门的开闭时间，缩短管道长度，在管道上安装安全阀或排汽阀来限制压力的升高等方法，从而减少水击的产生。

5. 建立蒸汽管网怎样防止水击？

防止水击的方法：

（1）蒸汽系统进行充分的暖管，打开各蒸汽用户低点导淋，疏水器旁路排水，直到排出干蒸汽为止；

（2）严格按操作规程进行升温升压；

（3）暖管过程中加强主控与现场的联系，根据需要调整蒸汽量；

（4）如果发生水击，停止升温升压，减少蒸汽量，现场查明原因进行排水，必要时重新暖管。

6. 简述离心式压缩机的工作原理。

工作轮在调整旋转的过程中，由于旋转离心力的作用及工作轮中的扩大流动，使气体的压力得到提高，速度也随之提高。随后在扩压器中进一步把速度能转化为压力能，以提高气体的输出压力。

7. 提高离心力压缩机的出口流量方法有哪些？

（1）提高压缩机转速。

（2）关小压缩机回流阀。

（3）提高压缩机入口流量。

8. 离心式压缩机开车具备的条件有哪些？

（1）建立润滑油和密封油系统。

（2）压缩机入口阀打开。

（3）压缩机出口阀打开。

（4）压缩机回流阀打开。

（5）压缩机驱动设备具备投用。

9. 循环气中的惰性气体对甲醇合成的影响有哪些？

（1）惰性气有利于操作压力的平稳。

（2）缓解甲醇合成反应，降低催化剂活性中心温度。

（3）降低甲醇产量。

（4）增加驰放气量，造成有效气体的损失。

10. 甲醇合成催化剂使用中期的主要的工艺参数控制指标是什么？

（1）合成塔入口气中一氧化碳含量小于 12%。

（2）合成塔入口气中二氧化碳含量 3%～5%。

（3）催化剂床层湿度小于 235℃。

（4）循环气流量大于 $120000m^3/h$。

11. 合成催化剂提温依据的工艺指标有哪些?

(1) 循环气中一氧化碳含量持续上升。

(2) 粗甲醇产量明显下降。

(3) 驰放气量持续增加。

(4) 循环气中惰性气含量下降。

12. 分析甲醇合成催化剂活性下降的原因。

(1) 催化剂中毒。

(2) 空速过低,催化剂活性中心过热老化。

(3) 生产负荷过高或合成甲醇反应剧烈,催化剂活性中心过热老化。

(4) 因操作原因或其他原因造成催化剂粉碎。

13. 延长甲醇合成催化剂使用寿命的措施有哪些?

(1) 减小合成气中使催化剂中毒的物质,如硫化物和羰基铁镍等。

(2) 新催化剂投用要控制生产负荷 70%~90%,杜绝超负荷生产。

(3) 新催化剂投用要采用低温操作,充分利用催化剂的低温活性。

(4) 新催化剂的还原要严格按催化剂生产厂家方案操作,杜绝床层超温和还原速度过快。

(5) 控制合成塔较高的空速,防止催化剂过热老化。

(6) 控制合适的氢碳比。

(7) 控制好合成塔入口气中二氧化碳含量 3%~5%,减缓冲反应。

14. 实际生产中,甲醇合成工艺上影响操作压力的因素有哪些?

(1) 循环气流量。

(2) 循环气中一氧化碳含量。

(3) 循环气中二氧化碳含量。

(4) 循环气中惰性气含量。

(5) 系统压力调节阀开度。

(6) 催化剂床层温度。

练 习 题

1. 试写出 CO 和 H_2 合成甲醇的主、副反应方程式,并分析影响反应的因素?

2. 合成甲醇的催化剂有哪几种?它们的性能怎样?在本仿真工艺中采用的是何种催化剂?

3. FFR6001 有何作用?如何调节 FFR6001?

4. 合成甲醇是放热反应,本仿真工艺是如何移走热量的?反应体系的温度如何控制?

5. 什么是喘振?如何操作避免发生喘振?

6. 反应体系的压力如何控制?

7. E601、E602、E603 三个换热器的作用分别是什么?

8. 调节阀 PRCA6004 有哪些作用?

9. 惰性气体为什么设置在分离器之后?其目的是什么?

10. 为什么在投料前要进行氮气置换?

11. 汽包液位如何控制?

12. 合成塔是怎样升温的?

13. 简述本工艺流程，并绘制流程框图。

事故及处理

(1) 分离器液位高或反应器温度高联锁 事故现象：分离罐 F602 的液位 LICA6001 高于 70%，或反应器 R601 的温度 TR6006 高于 270℃。原料气进气阀 FRCA6001 和 FRCA6002 关闭，透平电磁阀 SP6001 关闭。

事故处理：

全开 LV6001，使 LICA6001 降至 70%以下
关闭透平 T601 控制阀 SIC6202
联锁条件消除后，按“RESET6001”按钮复位
开启 FIC6101，防止压缩机喘振，当 PI6102 大于压力 PI6001 且压缩机运转正常后关闭
开启透平 T601 控制阀 SIC6202，重新启动压缩机
透平电磁阀 SP6001 复位后，手动开启进料控制阀 FRCA6001
透平电磁阀 SP6001 复位后，手动开启进料控制阀 FRCA6002
将分离罐液位 LICA6001 控制在 50%
将系统压力 PI6001 控制在 5.2MPa
分离罐液位 LICA6001 低于 10%
反应器温度 TR6006 低于 210℃

(2) 汽包液位低联锁 事故现象：汽包 F601 的液位 LICA6003 低于 5%，温度高于 100℃；锅炉水入口阀 LICA6003 全开。

事故处理：

联锁条件消除后，将汽包液位 LICA6003 手动调节至 50%
将 LICA6003 投自动，设为 50%
将汽包液位 LICA6003 控制在 50%
汽包液位 LICA6003 超过 85%
将汽包压力 PRCA6005 控制在 4.3MPa

(3) FRCA6001 阀卡 事故现象：混合气进料量变小，造成系统不稳定。

事故处理：

开启混合气入口副线阀 V6001，将流量调至正常
将 H_2、CO 混合气流量调至 14877m^3(标)/h
将新鲜气中 H_2 与 CO 比 FFR6002 控制在 2.05～2.15 之间
将循环气中 H_2 的含量调至 79.3%左右

(4) 透平坏/催化剂老化/循环压缩机坏

事故现象：

① 透平坏：透平运转不正常，循环压缩机 C601 停。

② 催化剂老化：反应速度降低，各成分的含量不正常，反应器温度降低，系统压力升高。

③ 循环压缩机坏：压缩机停止工作，出口压力等于入口，循环不能继续，导致反应不正常。

事故处理：

① 停原料气

将 I 6001 打向 Bypass
将 I 6002 打向 Bypass
将 FRCA6001 关闭
现场关闭 FRCA6001 前阀 VD6001
现场关闭 FRCA6001 后阀 VD6002
将 FRCA6002 关闭
将 FRCA6004 关闭
使 H_2、CO 混合气进量为 0
使 H_2 进量为 0

② 停 C/T601

逐渐关闭 SIC6202
关闭现场阀 VD6013
关闭现场阀 VD6014
关闭现场阀 VD6011
关闭现场阀 VD6012

③ 泄压

将 PRCA6004 全开

④ N_2 置换

开 V6008，N_2 进行置换
当 CO+H_2<5%后，关闭 V6008，用 0.5MPa 的 N_2 保压
将 PRCA6004 关闭，保压
将 N_2 的体积含量升至 99.9%
维持系统压力 PI6001 在 0.5MPa，N_2 保压

(5) 反应器温度高报警　事故现象：反应塔温度 TR6006 高于 265℃但低于 270℃。

事故处理：

全开汽包上部 PRCA6005 控制阀，降低汽包压力，同时注意汽包液位
全开汽包液位控制器 LICA6003，增大冷水进量
待温度稳定下降之后，观察下降趋势，将 LICA6003 调至自动，设定液位为 50%
将 PRCA6005 投自动，设定 4.3MPa
将汽包液位 LICA6003 控制在 50%
将汽包压力 PRCA6005 控制在 4.3MPa
将反应器温度 TR6006 控制在 255℃
汽包液位 LICA6003 超过 85%
汽包液位 LICA6003 低于 10%
汽包压力 PRCA6005 超过 4.9MPa
反应器温度 TR6006 超过 280℃

(6) 分离罐液位高报警　事故现象：分离罐液位 LICA6001 高于 65%，但低于 70%。

事故处理：

打开现场旁路阀 V6003
全开 LICA6001
当液位接近 50%之后，关闭 V6003
调节 LICA6001，稳定在 50%时投自动
将分离罐液位 LICA6001 控制在 50%
分离罐液位 LICA6001 超过 70%
分离罐液位 LICA6001 低于 20%

（7）系统压力 PI6001 高报警 事故现象：系统压力 PI6001 高于 5.5MPa，但低于 5.7MPa。

事故处理：

关小 FRCA6001 的开度至 30%
关小 FRCA6002 的开度至 30%
将反应器温度 TR6006 控制在 255℃
将系统压力 PI6001 控制在 5.2MPa
反应器温度 TR6006 超过在 280℃

（8）汽包液位低报警 事故现象：汽包液位 LICA6003 低于 10%，但高于 5%。

事故处理：

全开 LICA6003，增大进水量
LICA6003 稳定在 50%，投自动
将汽包液位 LICA6003 控制在 50%
将汽包压力 PRCA6005 控制在 4.3MPa
将反应器温度 TR6006 控制在 255℃
汽包液位 LICA6003 超过 85%
汽包液位 LICA6003 低于 5%
汽包压力 PRCA6005 超过 4.9MPa
反应器温度 TR6006 超过 280℃

拓展一：工厂操作实例

一、开车操作

1. 开车前的准备工作

（1）全部设备安装，检修完毕，并验收合格。

（2）所有容器，静设备等检查，清洗合格。

（3）气体、蒸汽、锅炉给水、冷凝液所用的全部球阀、闸阀等都进行检查并涂上油。

（4）检查所有的测量和控制仪表，特别是调节阀及联锁阀的功能好用，具备投运条件。

（5）引循环水（CW）。在循环水系统启动时，分别打开入口及出口循环水阀，打开回水线高点放空阀。当甲醇冷却器、循环气压缩机油冷器、氢气压缩机油冷器及段间换热器循环水回水线高点放空排出水中无气时，关闭放空阀。随循环水系统进行化学清洗、预膜等。当化学清洗、预膜结束后，将回水阀开一半，投入正常运行。

（6）引蒸汽。确认进蒸汽喷射泵的蒸汽切断阀关闭，打开进蒸汽喷射泵的蒸汽切断阀前的现场排放阀，排放管内的惰性气、预热蒸汽管线，并将蒸汽引到蒸汽喷射泵前。如果在冬季，还应当将 0.5MPa 蒸汽引到装置伴热蒸汽站，并根据情况投用伴热蒸汽。引汽的方法是首先打开相应管线的现场排放阀暖管，暖管结束后，关闭上述各排放阀，打开疏水器前后切断阀投用疏水器。

（7）仪表调校确认。总控按下 DCS 试灯按钮，检查所有报警灯、联锁报警灯、泵运行指示灯应全部亮，压缩机现场仪表盘试灯按钮检查，不亮的由仪表更换。按下述方法，总控与现场配合调试各调节阀动作情况，控制室各调节器手动输入数值，按 0→25→50→75→100→75→50→25→0 输出信号，现场人员进行确认，不正常的由仪表调试，直至全部调节阀动作正常，包括压缩机现场操作表盘中各调节表。

(8) 引锅炉水、脱盐水、清洗水夹套和汽包。

① 打开汽包液位控制阀前截止阀及排放阀，当锅炉水系统运行时，在现场排放阀排放。

② 打开脱盐水前切断阀，关闭后切断阀，打开阀间排放阀排放脱盐水。

③ 当排放水质合格后，关闭排放阀，锅炉水具备使用条件。

④ 打开汽包液位控制阀及后切断阀，打开锅炉顶排空阀，向锅炉及甲醇合成塔夹套充水至粗甲醇液位控制指示20%，停加锅炉水。

⑤ 缓慢打开蒸汽喷射泵入口蒸汽阀，以20℃/h的速度升温至汽包达最高压力为止，当汽包压力指示大于0.1MPa时，关汽包排空阀。

⑥ 锅炉进水液位达50%～60%时，打开锅炉及甲醇合成塔夹套排污阀，就地排放，使锅炉进水液位维持在50%～60%。

⑦ 关闭蒸汽喷射泵入口蒸汽阀，锅炉慢慢泄压到常压，降温速度≤20℃/h，同时锅炉内水全部就地排放。

⑧ 按上述方法蒸煮三次，锅炉及合成塔排净热水，冷却至环境温度后，充入冷的锅炉水至液位指示20%时停。

2. 正常开车

(1) 开车前联检确认

① 再次检查确认本系统所有设备、检修项目、技措项目等待施工完毕，复位正确，所有设备处于可使用状态。

② 确认本系统所有电气、仪表等设备检修、安装调试完毕，并处于随时投用。

③ 按开车条件确认卡中内容，逐条确认。

④ 精馏岗位具备接受粗甲醇条件，对于新装催化剂常压塔回流槽应排空，关闭甲醇分离器预馏塔和精甲醇计量槽的切断阀，打开去常压塔回流槽的切断阀，以备接受开车初期的粗甲醇。

⑤ 火炬系统运行正常，去火炬的分离器出口线上盲板抽掉，阀开。

⑥ 净化、氢回收装置均已运行正常，具备送气条件。

⑦ 所有调节器均处于手动位置，输出信号均为关闭。

(2) 开车操作

① 确认净化、氢回收装置具备送气条件，合成循环机运行，精馏运行正常。

② 打开新鲜气进缓冲罐阀，引新鲜气置换循环回路，直至N_2含量<1%(体积分数)。

③ 用氢回收装置来富H_2，将循环回路升压至指示2.0MPa，升压速率小于0.1MPa/min。

④ 调整蒸汽喷射泵蒸汽量，维持温度≥205℃，汽包液位保持50%～60%液位。

⑤ 将汽包蒸汽压力给定2.0MPa投自动，将甲醇分离器液位给定20%（设计值）投自动。

⑥ 根据生产负荷，提高循环气流量。

⑦ 打开净化装置新鲜气阀，调整好气体比例后缓慢补加氢回收、净化装置来气量到约为设计值的10%。

⑧ 观察合成反应的进行，及时调节合成塔入口CO、CO_2含量，汽包压力和锅炉给水量。

⑨ 缓慢增加新鲜量，提高循环回路压力，至前工序气体全部加入，当分离器出口压力达到 5MPa 时，缓慢打开分离器出口压力调节驰放气排放量、压力稳定，将分离器出口压力投自动。

⑩ 导气过程注意：甲醇分离器出口气 CO 含量不应超过 9%，床层温度<230℃。

⑪ 催化剂首次使用不应超过 70%负荷。

⑫ 投用初期生产的粗甲醇从甲醇分离器排到甲醇地下槽。

⑬ 待操作稳定后，将蒸汽并网运行。

二、停车操作

1. 正常停车操作

(1) 通知气化、净化、一氧化碳、精馏岗位准备停车。

(2) 新鲜气进缓冲罐阀手动关闭，现场手动关闭新鲜气进缓冲罐阀前后切断阀，关闭前系统来气切断阀。

(3) 打开蒸汽喷射泵蒸汽阀，投用蒸汽喷射泵，维持温度在 210℃以上。

(4) 将蒸汽切除并网，汽包蒸汽压力调节阀改手动关闭，打开蒸汽出口阀后放空阀。

(5) 分离器出口压力调节阀改手动，关闭分离器出口压力阀。

(6) 将甲醇分离器液位调节阀改手动，将甲醇分离器液位排空，注意膨胀槽压力不可超高，排空后关闭甲醇分离器液位手动阀及前后切断阀。

(7) 甲醇合成塔降温。

(8) 手动调节分离器出口压力，使系统泄压，控制卸压速率≤1.0～1.5MPa/h，将系统卸压至 0.4MPa。

(9) 打开 N_2 阀，系统充 N_2 置换，通过分离器出口阀放空至火炬。

(10) 置换至系统 $H_2+CO+CO_2$ 含量<0.5%为止，系统保持 0.5MPa/h 压力。

(11) 关闭蒸汽喷射泵入口蒸汽阀，关闭汽包排污阀。

(12) 将汽包蒸汽压力汽包蒸汽压力调节阀投自动，由汽包蒸汽压力手动阀控制，降低汽包压力，使合成塔降温，降温速率≤25℃/h。

(13) 汽包液位投自动，维持液位稳定。

(14) 当反应器出口气温度降至接近 100℃时，关闭反应器出口气温度调节阀及前后切断阀，关闭汽包液位调节手动阀及前后切断阀，打开汽包顶放空阀。

(15) 打开合成塔夹套及汽包排污阀，将汽包内水就地排放干净。

(16) 当反应器温度≤50℃时，按停车程序停止循环压缩机运转，关闭驯化压缩机出入口阀。

(17) 如进行检修不卸催化剂，则系统充入 0.5MPa N_2 保压，并将系统加入下列盲板。

① 新鲜气至甲醇单元之前净化、氢回收气体各一块。

② 新鲜气放空阀新鲜气压力调节手动阀阀后一块。

③ 循环压缩机入口一块，出口一块。

④ 合成放空阀门出口去火炬管网线上一块。

⑤ 甲醇分离器顶部安全阀后各一块。

⑥ 分离器出口压力调节手动阀及副线各一块。

⑦ 水洗塔液位调节手动阀及副线各一块。

⑧ 水洗塔出口气相管线阀门一块。

2. 紧急停车操作

（1）蒸汽系统故障紧急停车操作

① 若蒸汽系统故障，甲醇合成应使用汽包蒸汽压力调节阀保住汽包压力在原操作压力，自汽包蒸汽压力调节阀后现场放空蒸汽，继续生产。

② 若精馏系统因蒸汽故障停车，粗甲醇通过甲醇膨胀槽出口管线改去粗甲醇罐。

③ 若因蒸汽系统故障必须停甲醇合成，应立即按循环压缩机停车按钮，手动关闭循环压缩机防喘振回流量调节阀，切断新鲜气进料阀，关闭循环压缩机回流阀。

④ 合成系统泄压至0.2～0.3MPa，有N_2则系统置换，置换到$CO+CO_2+H_2$含量≤0.5%后N_2封闭，合成塔自然降温。无N_2则保压0.2～0.3MPa，合成塔自然降温。

⑤ 汽包液位控制50%，甲醇分离器液位排到5%后，关闭甲醇分离器液位调节阀及切断阀。

（2）冷却水突然中断紧急停车操作

① 手动关闭新鲜气进缓冲罐进口阀及循环机回流阀，停循环压缩机。

② 系统立即泄压，有N_2则合成系统置换，置换到$CO+CO_2+H_2$含量≤0.5%后N_2封闭，合成塔自然降温。无N_2则合成系统保压0.2～0.3MPa，合成塔自然降温。

③ 汽包液位控制50%，甲醇分离器液位排到5%后，关闭甲醇分离器液位调节阀及切断阀。

④ 注意循环压缩机油系统温度及轴瓦温度，以防超温，必要时停循环压缩机。

（3）仪表风突然中断紧急停车操作

① 因无仪表风，气动调节阀均关闭，改手动关闭，停压缩机。

② 系统立即泄压。有N_2则合成系统置换，置换到$CO+CO_2+H_2$含量≤0.5%后N_2封闭，合成塔自然降温。无N_2则合成系统保压0.2～0.3MPa，合成塔自然降温。

③ 参照汽包现场液位，用副线阀控制汽包液位。参照甲醇分离器现场液位，用副线将甲醇分离器液位排到5%后关闭副线。

（4）突然停电紧急停车操作

① 循环压缩机做紧急停车处理，手动关闭新鲜气进缓冲罐进口阀、切断新鲜气。

② 系统立即泄压，当系统压力降至1.0MPa后，润滑油系统正常运行。有N_2则合成系统置换，置换到$CO+CO_2+H_2$含量≤0.5%后N_2封闭，合成塔自然降温。无N_2则合成系统保压0.2～0.3MPa，合成塔自然降温。

③ 关闭汽包排污阀，汽包液位控制50%，甲醇分离器液位排到5%后，关闭甲醇分离器液位调节阀及切断阀。

（5）原料气突然中断紧急停车操作

① 通知前工序及精馏工段。

② 手动关闭新鲜气进缓冲罐阀、切断新鲜气进料。

③ 循环压缩机正常运行，投用蒸汽喷射泵，保持温度≥210℃。

④ 合成系统保压，汽包液位控制50%，甲醇分离器液位排到5%后，关闭甲醇分离器液位调节阀及切断阀。

三、正常生产操作

1. 正常操作

（1）调整稳定好系统的负荷。

(2) 控制好系统压力，保持系统压力稳定。

(3) 根据系统负荷，相应调整好循环量。

(4) 控制好合成塔入口CO_2、CO含量，从而稳定新鲜气的H/C。

(5) 控制好汽包压力，稳定催化剂床层温度，保证催化剂安全运行，并稳定副产蒸汽量。

(6) 控制稳定好汽包、甲醇分离器液位。

2. 日常工作

(1) 总控随时注意所有指示，记录仪表，2h记录一次，每2h现场巡检一次，检查设备运转情况，各动静密封点的严密性，发现问题立即通知总控室及班长。

(2) 巡检内容如下。

第一站：合成系统。检查各机泵的运行状况，如电流、压力、温度、润滑油及备用情况；检查各静设备的液位、温度、压力等参数；检查跑冒滴漏情况。

第二站：甲醇罐区。检查各机泵的运行状况，如电流、压力、温度、润滑油及备用情况；检查各储罐的液位、压力、温度、氮封等情况，检查跑冒滴漏情况。

第三站：循环机。检查循环压缩机的转速、振动、润滑油系统运行情况；检查各静设备的温度、压力、液位等参数；检查跑冒滴漏情况。

第四站：粗甲醇精馏系统。检查各机泵运行状，如电流、压力、温度、润滑油及备用情况；检查各静设备的液位、压力、温度等参数；检查跑冒滴漏情况。

四、异常生产现象的判断和处理

1. 低压法合成甲醇合成岗位常见异常生产现象和处理

序号	异常现象	原因分析判断	操作处理方法
1	合成塔系统阻力增加	①催化剂局部烧结 ②换热器管程被堵塞 ③阀门开得太小或阀头脱落 ④设备内件损坏，零部件堵塞气体管道 ⑤催化剂粉化	①停车更换 ②停车清理 ③将阀门开大或停车检修 ④停车检查、更换、清理 ⑤改善操作条件，保护催化剂
2	合成塔温度升高	①汽包压力控制过高 ②循环量过小，带出热量少 ③汽包液位低 ④入塔气中CO含量过高，反应剧烈 ⑤温度表失灵，指示假温度	①调整汽包压力在指标范围内 ②加大循环量 ③适当加大软水入汽包量 ④适当降低CO含量 ⑤联系仪表维修，校正温度计
3	合成塔压力升高	①触媒层温度低，反应状态恶化 ②负荷增大 ③惰性气体含量增大，反应差 ④氢碳比失调，合成反应差	①适当提高催化剂温度 ②负荷增大后，其他工艺指标作相应调整 ③开大吹除气量，降低惰性气体含量 ④联系变换岗位作相应调整
4	醇分离器液位突然上涨	①放醇阀阀头脱落，醇送不出去 ②系统负荷增大，而放醇阀未相应开大 ③输醇管被蜡堵塞 ④液位计失灵，发出假液位指示	①开旁路阀或停车检修 ②开大放醇阀 ③停车处理 ④联系仪表维修，校正液位计
5	催化剂中毒及老化	①原料气中硫化物、氯化物超标 ②气体中含油水，覆盖在催化剂表面 ③催化剂长期处高温下，操作波动频繁	①加强精制脱硫效果，严格控制气体质量 ②各岗位加强油水排放 ③保持稳定操作
6	输醇压力猛涨	①醇分离器液位太低，高压气体串入输醇管 ②醇库进口阀未开或堵塞，醇无法进入贮槽 ③放醇阀内漏，大量跑气 ④输醇管被异物堵塞 ⑤误操作，打开阀门大量跑气	①调整液位在指标内 ②联系醇库将阀门打开或检修 ③停车更换阀门 ④停车疏通处理 ⑤修正并稳定操作

2. 其它异常现象和处理方法

(1) 装置发生气体泄漏

① 现场立即实施隔离，严禁烟火，严禁车辆通过。

② 操作人员、检修人员穿防静电工作服，戴防 CO 面具进行紧急处理。

③ 必要时，立即切断净化和氢回收原料气，气体放空至火炬。系统打开放空阀合成气放空至火炬，并用氮气进行置换，做停车处理，处理步骤同紧急停车。

(2) 装置发生甲醇泄漏

① 现场立即实施隔离，严禁烟火，严禁车辆通过。

② 操作人员、检修人员穿防静电工作服，戴长管面具进行紧急处理。

③ 立即切断泄漏点，设法回收甲醇。

④ 必要时进行停车处理，处理步骤同紧急停车。

项目三　甲醇精制工段

第一节　工艺概述

甲醇合成时，均受选择性的限制，并受合成条件如温度、压力、气体组成等影响，在发生甲醇合成反应的同时，要发生一系列副反应。用色谱分析测定粗甲醇的组分有四十多种，包括醇、醛、酮、醚、酸、烷烃等。粗甲醇精馏的目的就是将这些杂质组分通过多次蒸馏的方法，分离出来，得到符合国家标准的精甲醇和一部分副产品。

甲醇精馏的原理是利用粗甲醇中不同组分的沸点不同，进行蒸馏，当加热至某组分沸腾时，将生成的组分蒸气流出冷凝。如此不断汽化、不断冷凝的操作，最后使混合液中的组分几乎以纯组分分离出来。

本工段采用四塔（3+1）精馏工艺，包括预塔、加压塔、常压塔及甲醇回收塔。预塔的主要目的是除去粗甲醇中溶解的气体（如 CO_2、CO、H_2 等）及低沸点组分（如二甲醚、甲酸甲酯），加压塔及常压塔的目的是除去水及高沸点杂质（如异丁基油），同时获得高纯度的优质甲醇产品。另外，为了减少废水排放，增设甲醇回收塔，进一步回收甲醇，减少废水中甲醇的含量。

采用三塔精馏加回收塔工艺流程的主要特点是热能的充分利用，主要体现在：

① 将加压塔塔顶气相的冷凝潜热用作常压塔塔釜再沸器热源；

② 将天然气蒸汽转化工段的转化气作为加压塔再沸器热源；

③ 加压塔辅助再沸器、预塔再沸器冷凝水用来预热进料粗甲醇；

④ 加压塔塔釜出料与加压塔进料充分换热。

第二节　工艺条件

一、精馏工作原理

精馏工序主要是利用各组分的沸点不同，用精馏方法将甲醇与其他组分分离开，也就是同时并且多次运用部分汽化和部分冷凝的方法，以达到完全分离混合液中各组分的连续操作过程。为保证精甲醇产品质量、产品收率及含醇水的醇含量达到要求，本装置采用三塔精馏加回收塔流程，主要工作原理是粗甲醇经过预热后进入预精馏塔，在预塔中除去溶解性气体及低沸点杂质（C_2H_6O、H_2、CO、CO_2、Ar 等），在加压塔以及常压塔中除去水及高沸点杂质（水、乙醇、丙醇、丁醇等），制取产品精甲醇。加压塔顶气相不使用循环水作为冷却介质，而是直接作为常压塔塔底再沸器的热源，为常压塔提供热量。由于重组分有机物如乙醇、丁醇等与甲醇沸点接近，分离相对较难。因此，常压塔的操作优劣将直接决定产品质量和能耗的水平。

二、操作控制方案

精馏系统是控制精甲醇质量的关键环节，为了确保精甲醇产品的质量和降低蒸汽、水、电等能耗，通过实施甲醇浓度控制、热量控制、液位控制，以达到精馏整个系统“三大平衡”的目的，即“物料平衡、热量平衡、气液平衡”，掌握好温度、压力、液位、流量及物料组成的变化规律及其相互间的联系。在操作过程中依据甲醇-水系统的气液相关平衡关系，随时平衡加压塔、常压塔所需的物料和热量。在调节时，应全面分析各个参数的相互影响关系，做到有预见性的优化调整，确保精馏工况的稳定、连续、低成本运行。

1. 加压塔和常压塔的控制

甲醇中的高沸点杂质主要在加压精馏塔（D0402）和常压精馏塔（D0403）内分离，因加压塔底部甲醇溶液还要送入常压塔再精馏，只要控制好加压塔的塔顶温度 TR4022、压力 PI4005 及回流比 FIC4013/FR4011，就可以得到乙醇含量极低的精甲醇产品，而对常压塔，既要保证塔顶产品，又要保证塔底水中甲醇含量不超标，获得乙醇含量极低的精甲醇产品，除了要控制好常压塔塔顶温度 RT4053、压力 PI4008、回流比 FIC4022/FR4021 及塔底温度 TR4047 外，需从塔的中、下部抽出部分杂醇油。

2. 合适的回流比

回流比直接关系塔内各层塔板上的物料浓度改变和温度分布，是精馏重要操作参数之一。对已确定了甲醇产品控制精度和废水中甲醇含量指标的精馏装置，回流比对产品质量及蒸汽消耗有直接的作用。

甲醇精馏操作中，通常控制回流比指标为：预塔 0.6～1.0，主塔 2.0～3.0，若回流比过小，杂质难以脱除干净，精甲醇质量不合格；若回流比过大，蒸汽消耗增加。回流比应根据塔的负荷和精甲醇质量进行调整。根据相关文献，预塔回流比每下降 0.1，处理 1t 粗甲醇少消耗热量约 111.56MJ，则 0.35MPa 蒸汽约 50.2kg。精馏装置在设计时，为保证产品纯度，回流量设计上一般留有一定的裕度。因此，在保证精甲醇质量前提下，适当降低回流比，对降低甲醇精馏蒸汽消耗作用很大。

3. 加压塔和常压塔温度、压力调节关系

由于常压塔温度 TR4047 控制是由加压塔顶出来的甲醇气来调节，因此两塔之间的调节是相互联系的，加压塔温度 TIC4027、常压塔温度 TR4047 上升，塔内蒸汽量上升，引起塔压 PI4005、PI4008 上升，就会引起塔底重组分上移，使精甲醇中含水量增加，重组分含量高。塔压 PI4005、PI4008 上升，相应温度 TIC4027、TR4047 也随之上升，重组分上移，回流槽液位 LIC4014、LIC4024 升高，致使精甲醇产品质量不合格。加压塔温度 TIC4027、常压塔温度 TR4047 下降，轻组分脱除不干净，影响甲醇收率；压力下降，导致塔温下降，轻组分下移，脱除不干净，影响甲醇浓度。因此，严格控制好加压塔塔顶温度 TR4022 和常压塔灵敏板温度 TIC4021，既要保证两塔乙醇含量较低，又要控制好蒸汽、水、电等消耗。

4. 温度、入料量等调整手段

温度是反映精馏塔内热量平衡的重要指标，也是调节流量的依据，正常温度能保证产品质量并降低能耗。操作原则是稳定入料量、回流量、蒸汽量并按一定比例稳定各塔采出。入料量一经固定，就调整好加热蒸汽流量，并使回流比保持一定。系统精甲醇或其他馏分过多时，会造成塔内重组分改变，应引起温度上升，此时只能调节回流量，维持物料平衡，稳定操作温度；系统入料量增加、组分变轻、温度降低时，会造成塔内温度下降，反之温度将会上升；调节流量也是保持物料平衡最直接的手段之一，精甲醇采出量应根据入料量及组成按比例恒定采出，采出量过大，易造成塔内重组分上移，反之过小，则轻组分下移。

甲醇精馏的原料来源甲醇合成工序的粗甲醇，合成系统操作工况的波动对合成生产的粗甲醇质量造成一定的影响，当合成塔进口气体组成中 CO 含量增加时，粗甲醇中二甲醚及乙醇等高级醇含量增加；气体中 CO_2 含量增加时，粗甲醇中水分增加，酸度增加。这样使粗甲醇品质下降，甲醇精馏分离难度增大，精馏时为保证产品质量必须提高回流比，相应增加蒸汽耗量。因此，稳定合成系统工况也就保证了粗甲醇质量。

第三节　流程分析

本工段采用三塔精馏加回收塔工艺，其中预精馏塔的主要作用是脱除粗甲醇中的二甲醚和大部分轻组分；主精馏塔包括加压塔和常压塔，主要作用是将甲醇组分和水及重组分分离，得到产品精甲醇，将水分离出来，副产杂醇油；回收塔的主要作用是进一步回收甲醇，减少废水中甲醇的含量。预塔工艺流程及流程框图见图 3-1、图 3-2，加压塔工艺流程见图 3-3，常压塔工艺流程见图 3-4；加压塔、常压塔工艺流程框图见图 3-5；回收塔工艺流程及流程框图见图 3-6、图 3-7。

一、精制工段工艺流程

从甲醇合成工段来的粗甲醇进入粗甲醇预热器（E0401）与预塔再沸器（E0402）、加压塔再沸器（E0406B）和回收塔再沸器（E0414）来的冷凝水进行换热后进入预塔（D0401），经 D0401 分离后，塔顶气相为二甲醚、甲酸甲酯、二氧化碳、甲醇等蒸气，经二级冷凝后，不凝气通过火炬排放，冷凝液中补充脱盐水返回 D0401 作为回流液，塔釜为甲醇水溶液，经 P0403 增压后用加压塔（D0402）塔釜出料液在 E0405 中进行预热，然后进入 D0402。

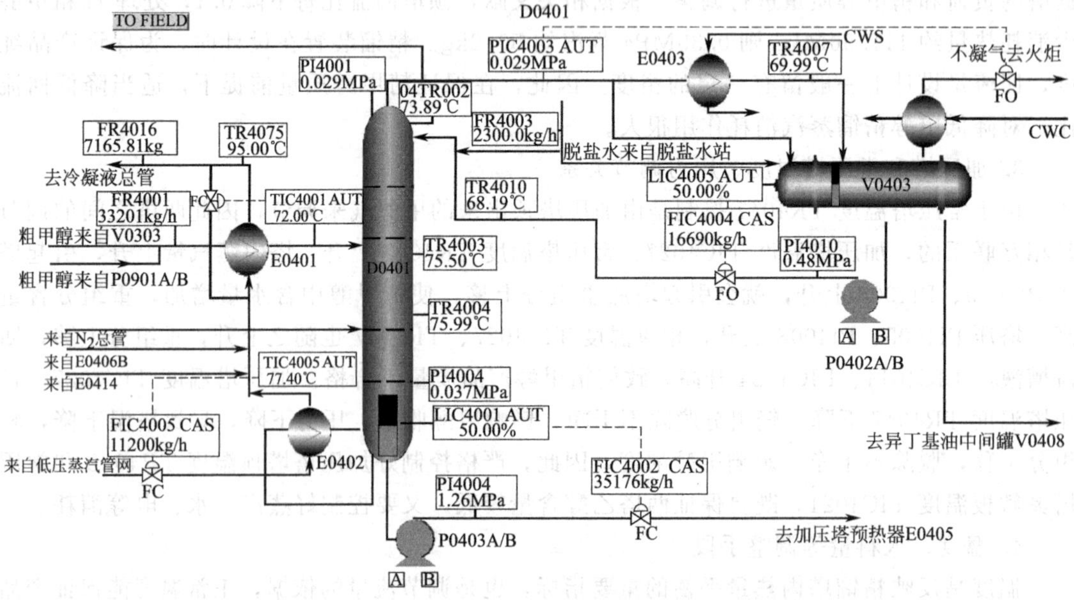

图 3-1　预塔工艺流程图

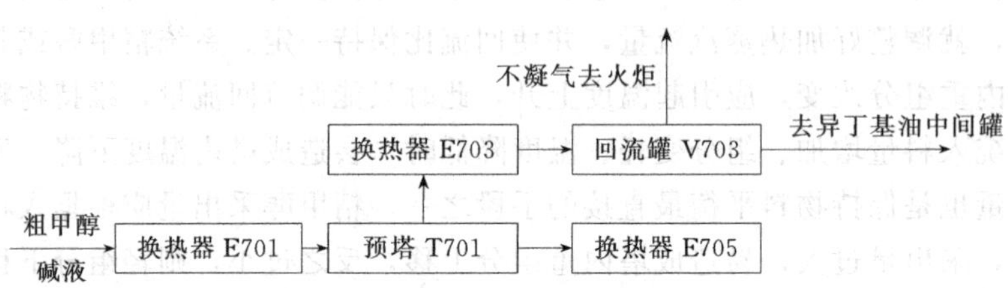

图 3-2　预塔工艺流程框图

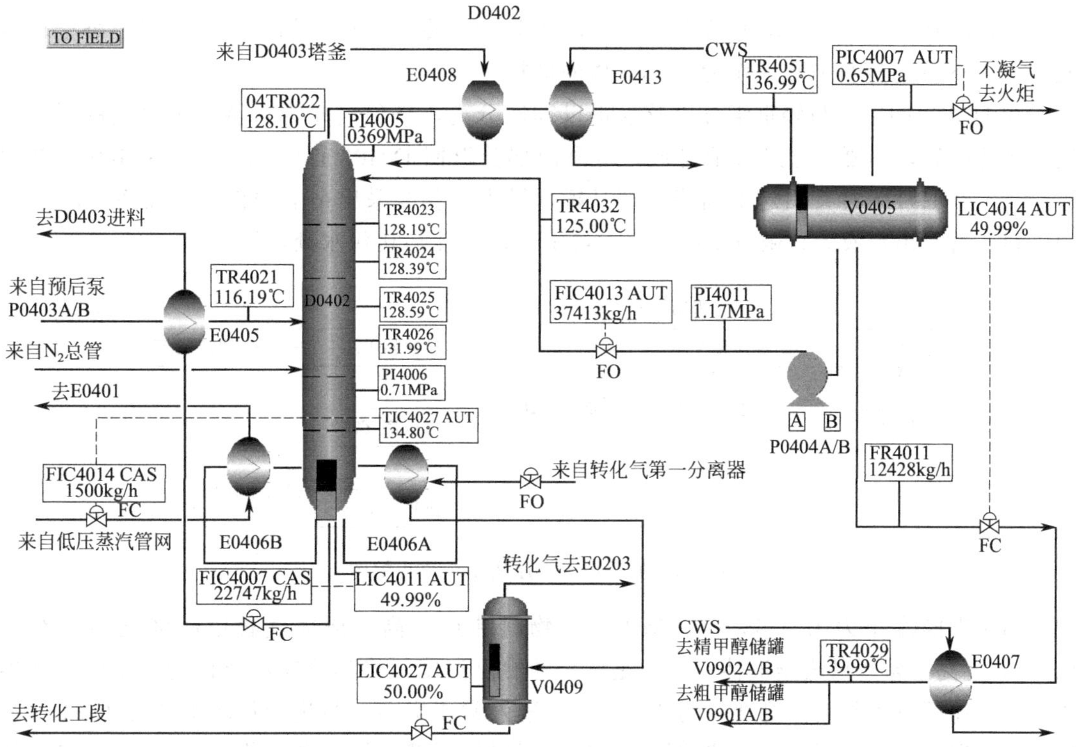

图 3-3 加压塔工艺流程图

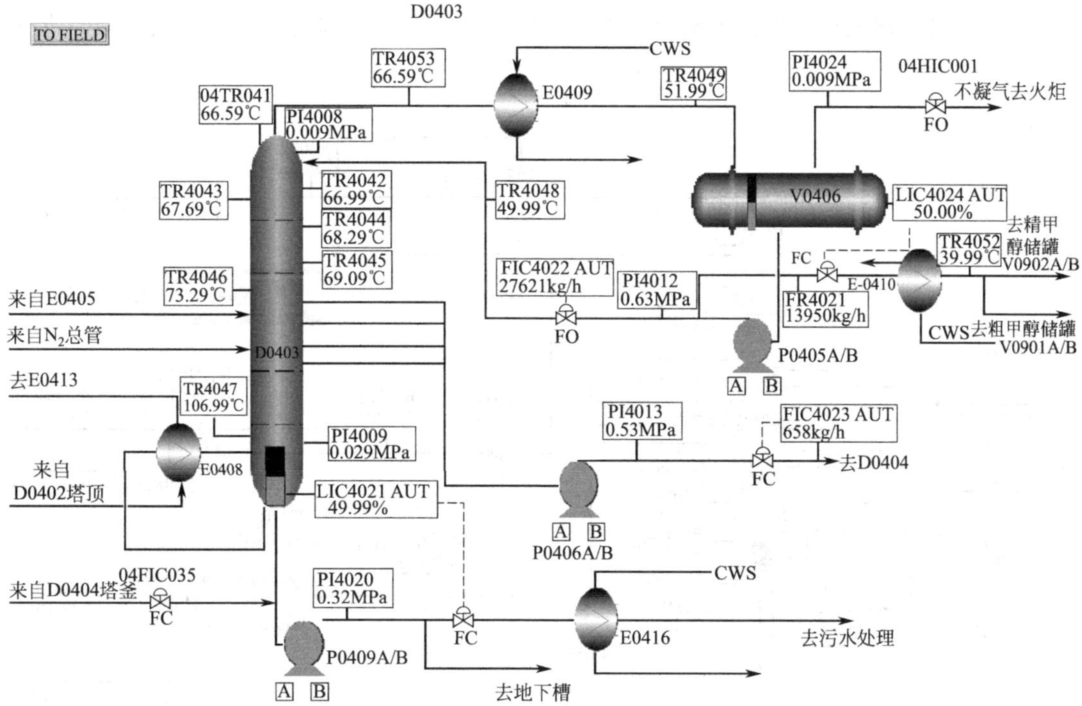

图 3-4 常压塔工艺流程图

经 D0402 分离后，塔顶气相为甲醇蒸气，与常压塔（D0403）塔釜液换热后部分返回 D0402 打回流，部分采出作为精甲醇产品，经 E0407 冷却后送中间罐区产品罐，塔釜出料液在 E0405 中与进料换热后作为 E0403 塔的进料。

在 D0403 中甲醇与轻重组分以及水得以彻底分离，塔顶气相为含微量不凝气的甲醇蒸气，经冷凝后，不凝气通过火炬排放，冷凝液部分返回 D0403 打回流，部分采出作为精甲醇产品，经 E0410 冷却后送中间罐区产品罐，塔下部侧线采出杂醇油作为回收塔（D0404）的进料。塔釜出料液为含微量甲醇的水，经 P0409 增压后送污水处理厂。

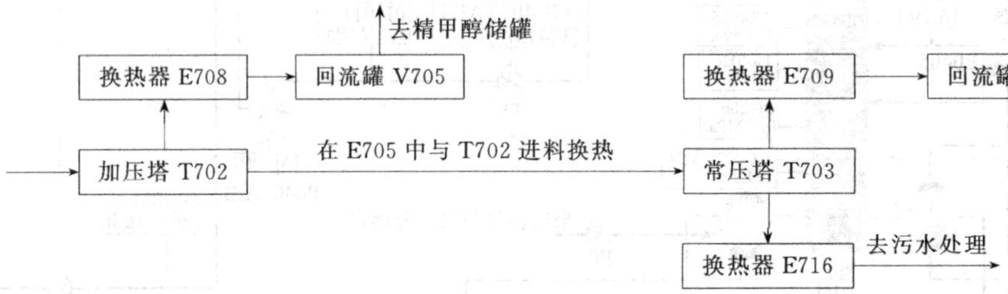

图 3-5　加压塔、常压塔工艺流程框图

加压塔操作压力为 0.65～0.7MPa，使物料沸点升高，顶部气相甲醇液化温度约为 121℃，远高于常压塔塔釜液体（主要是水）的沸点温度，将其冷凝潜热作为常压塔再沸器的热源。加压塔塔釜液体温度约为 135℃，在进入常压塔前，与进加压塔液体在 E-0405 换热，既实现了对进加压塔液体的预热，又实现了对加压塔塔釜液体的降温，满足常压塔进料温度。这样，加压塔和常压塔不需外界供热，而降低了整个精馏过程的热量消耗。

经 D0404 分离后，塔顶产品为精甲醇，经 E0415 冷却后部分返回 D0404 回流，部分送精甲醇罐，塔中部侧线采出异丁基油送中间罐区副产品罐，底部的少量废水与 D0403 塔底废水合并。

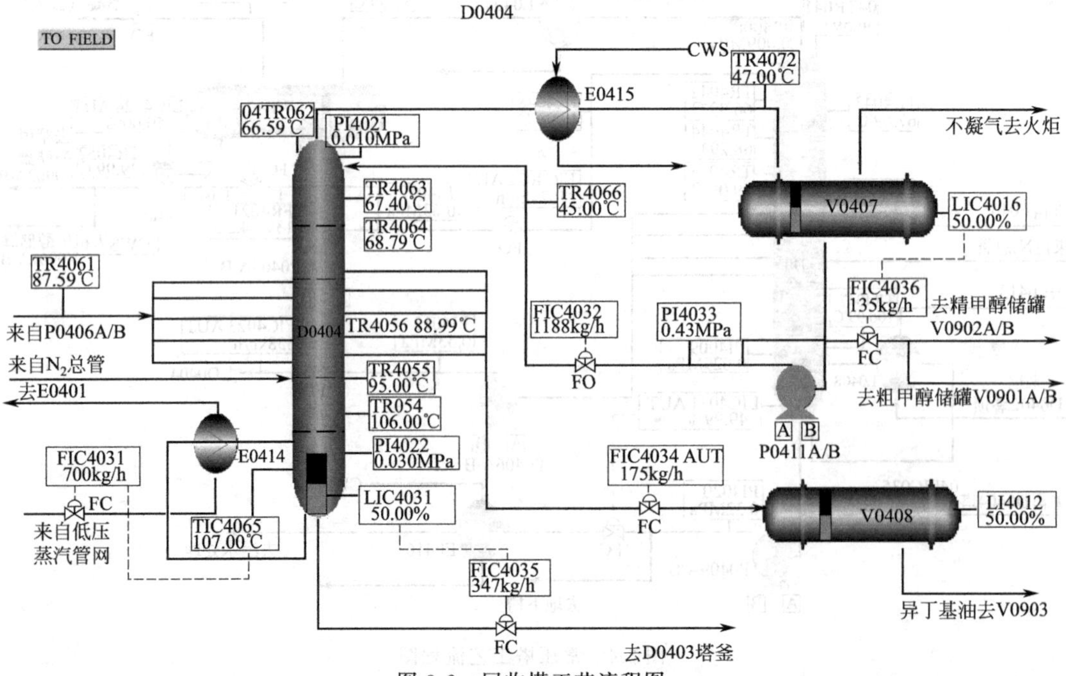

图 3-6　回收塔工艺流程图

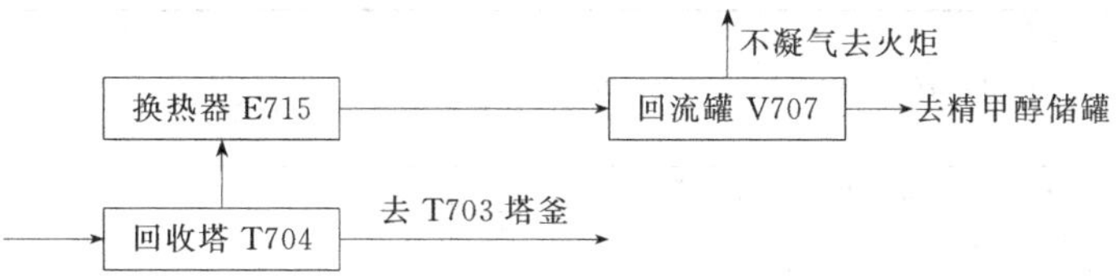

图 3-7　回收塔工艺流程框图

二、装置的联锁保护

离心泵出现联锁的原因可能有：

① 泵吸入口压力低；

② 精馏塔塔釜液位低，会使装置汽蚀余量下降，造成泵汽蚀，也有可能会导致气体随塔釜液进入泵内造成气。

为了保证物料稳定的流量，采取联锁的方式，备用泵自启动，不影响正常生产。

操作指标如下。

泵 P-0402A/B 出口压力：正常值 0.49MPa；联锁跳车值 0.3MPa。

泵 P-0403A/B 出口压力：正常值 1.27MPa；联锁跳车值 0.9MPa。

泵 P-0404A/B 出口压力：正常值 1.18MPa；联锁跳车值 0.9MPa。

泵 P-0405A/B 出口压力：正常值 0.64MPa；联锁跳车值 0.45MPa。

泵 P-0406A/B 出口压力：正常值 0.54MPa；联锁跳车值 0.3MPa。

泵 P-0409A/B 出口压力：正常值 0.32MPa；联锁跳车值 0.15MPa。

泵 P-0411A/B 出口压力：正常值 0.44MPa；联锁跳车值 0.2MPa。

第四节　岗位操作步骤详解

甲醇精制操作实际是四个精馏塔串连的操作。对于精馏塔的开车，首先向塔内送入物料，建立液位，开启塔底再沸器，给塔釜物料升温，温度升至操作温度；待精馏塔回流罐的液位有液位时，开启回流系统，做全回流，此时要控制好塔顶与塔釜的温度；控制回流罐内液位在 60%左右，无法维持时出塔顶产品；塔釜液位超过 60%时向后一个塔输送物料。

一、冷态开车

(1) 开车前准备　该环节主要是投用预塔、加压塔、常压塔、回收塔中的冷凝器，同时用氮气对加压塔进行充压，压力充至 0.65MPa。

操作步骤	步骤解析
打开预塔一级冷凝器 E0403 和二级冷凝器的冷却水阀	连通预塔冷凝器流程
打开加压塔冷凝器 E0413 和 E0407 的冷却水阀门	连通加压塔冷凝器流程
打开常压塔冷凝器 E0409、E0410 和 E0416 的冷却水阀门	连通常压塔冷凝器流程
打开回收塔冷凝器 E0415 的冷却水阀	连通回收塔冷凝器流程
打开加压塔的 N_2 进料阀，充压至 0.65atm，关闭 N_2 进口阀	为加压塔增压

(2) 预塔、加压塔和常压塔开车　本环节控制指标要求：回流罐 V0403、V0405、V0406 液位控制在 50%，常压塔塔釜液位在 80%左右，但不能高于 90%。

操作步骤	步骤解析
开粗甲醇预热器 E0401 的进口阀门 VA4001(>50%)，向预塔 D0401 进料	粗甲醇进入精制工段
待塔顶压力大于 0.02MPa 时，调节预塔排气阀 FV4003，使塔顶压力维持在 0.03MPa 左右	为预塔增压
预塔 D0401 塔底液位超过 80%后，打开泵 P0403A 的入口阀，启动泵 再打开泵出口阀，启动预后泵	启动预塔向加压塔进料泵
打开加压塔的 N_2 进料阀，充压至 0.65atm，关闭 N_2 进口阀	加压塔增压
手动打开调节阀 FV4002(>50%)	向加压塔进料
当加压塔 D0402 塔底液位超过 60%后，手动打开塔釜液位调节阀 FV4007(>50%)，向常压塔 D0403 进料	向常压塔进料
通过调节蒸汽阀 FV4005 开度，给预塔再沸器 E0402 加热；通过调节阀门 PV4007 的开度，使加压塔回流罐压力维持在 0.65MPa；通过调节 FV4014 开度，给加压塔再沸器 E0406B 加热；通过调节 TV4027 开度，给加压塔再沸器 E0406A 加热	通过调节蒸汽阀门的开度，对预塔、加压塔升温
通过调节阀门 HV4001 的开度，使常压塔回流罐压力维持在 0.01MPa	控制常压塔压力
当预塔回流罐有液体产生时，开脱盐水阀 VA4005，冷凝液中补充脱盐水，开预塔回流泵 P0402A 入口阀，启动泵，开泵出口阀，启动回流泵	建立回流
通过调节阀 FV4004(开度>40%)开度控制回流量，维持回流罐 V0403 液位在 40%以上	控制回流罐液位
当加压塔回流罐有液体产生时，开加压塔回流泵 P0404A 入口阀，启动泵，开泵出口阀，启动回流泵。调节阀 FV4013 开度(开度>40%)控制回流量，维持回流罐 V0405 液位在 40%以上	建立回流并控制回流罐液位
回流罐 V0405 液位无法维持时，逐渐打开 LV4014，打开 VA4052，采出塔顶产品	回流罐液位超过 40%，塔顶产品采出
当常压塔回流罐有液体产生时，开常压塔回流泵 P0405A 入口阀，启动泵，开泵出口阀。调节阀 FV4022 开度(开度>40%)，维持回流罐 V0406 液位在 40%以上	建立回流并控制回流罐液位
回流罐 V0406 液位无法维持时，逐渐打开 FV4024，采出塔顶产品维持常压塔塔釜液位在 80%左右	回流罐液位超过 40%，塔顶产品采出控制常压塔液位

(3) 回收塔开车　本环节控制指标要求：回流罐 V0407 液位维持在 50%，异丁基油中间罐 V0408 液位维持在 50%。

操作步骤	步骤解析
常压塔侧线采出杂醇油作为回收塔 D0404 进料，打开侧线采出阀 VD4029～VD4032，开回收塔进料泵 P0406A 入口阀，启动泵，开泵出口阀。调节阀 FV4023 开度(开度>40%)控制采出量，打开回收塔进料阀 VD4033～VD4037	对侧线采出的杂醇油中的甲醇继续进行回收
待塔 D0404 塔底液位超过 50%后，手动打开流量调节阀 FV4035，与 D0403 塔底污水合并	控制回收塔液位
通过调节蒸汽阀 FV4031 开度，给再沸器 E0414 加热	为回收塔升温
通过调节阀 VA4046 的开度，使回收塔压力维持在 0.01MPa	控制回收塔压力
当回流罐有液体产生时，开回流泵 P0411A 入口阀，启动泵，开泵出口阀，调节阀 FV4032(开度>40%)，维持回流罐 V0407 液位在 40%以上。回流罐 V0407 液位无法维持时，逐渐打开 FV4036，采出塔顶产品	建立回流并控制回流罐液位，当回流罐液位超过 40%，塔顶产品采出

（4）调节至正常　本环节控制指标要求：预塔压力 0.03MPa，加压塔压力 0.7MPa，预塔液位 50%，加压塔液位 50%，常压塔液位 50%，回收塔液位 50%，进料温度 TR4001 为 72℃，预塔塔釜温度 TR4005 为 77.4℃，加压塔塔釜温度 TR4027 为 134.8℃，回收塔塔釜温度 TR4065 为 107℃，FIC4004 为 16690kg/h，FIC4002 为 35176kg/h，FIC4005 为 11200kg/h，FIC4007 为 22747kg/h，FIC4022 为 27621kg/h，FIC4036 为 135kg/h，FIC4032 为 1188kg/h，FIC4035 为 346kg/h，FIC4031 为 700kg/h。

操作步骤	步骤解析
通过调整 PIC4003 开度，使预塔 PIC4003 达到正常值 逐步调整预塔回流量 FIC4004 至正常值	控制预塔压力
调节 FV4001，进料温度稳定至正常值 通过调整加热蒸汽量 FIC4005 控制预塔塔釜温度 TIC4005 至正常值	控制预塔温度
逐步调整塔釜出料量 FIC4002 至正常值	控制预塔液位
通过调节 PIC007 开度	控制加压塔压力
逐步调整加压塔回流量 FIC013 至正常值 开 LIC4014 和 FIC4007 出料	控制加压塔塔釜及回流罐液位
通过调整加热蒸汽量 FIC4014 和 TIC4027 控制加压塔塔釜温度 TIC4027 至正常值	控制加压塔温度
开 LIC4024 和 LIC4021 出料	控制常压塔回流罐、塔釜液位
开 FIC4036 和 FIC4035 出料	控制回收塔回流罐、塔釜液位
通过调整加热蒸汽量 FIC4031 控制回收塔塔釜温度 TIC4065 至正常值	控制回收塔塔釜温度
将各控制回路投自动，各参数稳定并与工艺设计值吻合后，投产品采出串级	实现自动控制 何为串级回路？ 是在简单调节系统基础上发展起来的。在结构上，串级回路调节系统有两个闭合回路。主、副调节器串联，主调节器的输出为副调节器的给定值，系统通过副调节器的输出操纵调节阀动作，实现对主参数的定值调节。所以在串级回路调节系统中，主回路是定值调节系统，副回路是随动系统 具体实例： 预塔 D0401 的塔釜温度控制 TIC005 和再沸器热物流进料 FIC005 构成一串级回路。温度调节器的输出值同时是流量调节器的给定值，即流量调节器 FIC005 的 SP 值由温度调节器 TIC005 的输出 OP 值控制，TIC005.OP 的变化使 FIC005.SP 产生相应的变化

附：精制工段冷态开车操作步骤

（1）开车前准备

打开预塔冷凝器 E0403 的冷却水阀 VA4006
打开二级冷凝器的冷却水阀 VA4008
打开加压塔冷凝器 E0413 的冷却水阀 VA4018
打开冷凝器 E0407 的冷却水阀 VA4021
打开常压塔冷凝器 E0409 的冷却水阀 VA4027
打开冷凝器 E0410 的冷却水阀 VA4026
打开冷凝器 E0416 的冷却水阀 VA4033
打开回收塔冷凝器 E0415 的冷却水阀 VA4045
打开 N_2 阀，给加压塔充压至 0.65MPa
关闭 VD4043

(2) 预塔、加压塔和常压塔开车

开粗甲醇预热器 E0401 的进口阀门,向预塔 D0401 进料
打开碱液计量泵 P0410 的入口阀 VD4065
打开计量泵 P0410
打开碱液计量泵 P0410 的出口阀 VD4066
加碱液
待塔顶压力大于 0.02MPa 时,调节预塔排气阀 FV4003 开度,使塔顶压力维持在 0.03MPa 左右
待预塔 D0401 塔底液位超过 80%后,打开泵 P0403A 的入口阀
启动泵
打开泵出口阀
手动打开调节阀 FV4002,向加压塔 D0402 进料
当加压塔 D0402 塔底液位超过 60%后,手动打开塔釜液位调节阀 FV4007,向常压塔 D0403 进料
待常压塔 D0403 塔底液位超过 50%后,打开塔底阀门 VA4051
打开泵 P0409A 的入口阀 VD4021
启动泵
打开泵出口阀 VD4022
手动打开调节阀 FV4021,塔釜残液去污水处理
通过调节 FV4005 开度,给再沸器 E0402 加热
通过调节阀门 PV4007 的开度,使加压塔回流罐压力维持在 0.65MPa
通过调节 FV4014 开度,给再沸器 E0406B 加热
通过调节 TV4027 开度,给再沸器 E0406A 加热
投用转化气分离器 V0409 液位控制阀 LIC4027,设定 50%投自动
通过调节阀门 HV4001 的开度,使常压塔回流罐压力维持在 0.01MPa
开脱盐水阀 VA4005
开回流泵 P0402A 入口阀 VD4006
启动泵
开泵出口阀
手动打开调节阀 FV4004,维持回流罐 V0403 液位在 40%以上
回流罐 V0403 液位
开回流泵 P0404A 入口阀 VD4010
启动泵
开泵出口阀
手动打开调节阀 FV4013,维持回流罐 V0405 液位在 40%以上
回流罐 V0405 液位
回流罐 V0405 液位无法维持时,逐渐打开 LV4014
打开 VA4052,采出塔顶产品
开回流泵 P0405A 入口阀
启动泵
开泵出口阀
手动打开调节阀 FV4022,维持回流罐 V0406 液位在 40%以上
回流罐 V0406 液位
回流罐 V0406 液位无法维持时,逐渐打开 FV4024
打开 VA4054,采出塔顶产品

(3) 回收塔开车

常压塔侧线采出杂醇油作为回收塔 D0404 进料,分别打开侧线采出阀 VD4029
开侧线采出阀 VD4030
开侧线采出阀 VD4031
开侧线采出阀 VD4032
开回收塔进料泵入口阀
启动泵

续表

开泵出口阀
手动打开调节阀 FV4023(开度>40%)
打开回收塔进料阀 VD4033
打开回收塔进料阀 VD4034
打开回收塔进料阀 VD4035
打开回收塔进料阀 VD4036
打开回收塔进料阀 VD4037
待预塔 D0404 塔底液位超过 50%后,手动打开流量调节阀 FV4035,与 D0403 塔底污水合并
通过调节 FV4031 开度,给再沸器 E0414 加热
通过调节阀门 VA4046 的开度,使回收塔压力维持在 0.01MPa
开回流泵 P0411A 入口阀
启动泵
开泵出口阀
手动打开调节阀 FV4032,维持回流罐 V0407 液位在 40%以上
回流罐 V0407 液位
回流罐 V0407 液位无法维持时,逐渐打开 FV4036
打开 VA4056,采出塔顶产品
回收塔侧线采出异丁基油,分别打开侧线采出阀 VD4038
打开侧线采出阀 VD4039
打开侧线采出阀 VD4040
打开侧线采出阀 VD4041
手动打开调节阀 FV4034(开度>40%)
调节阀门 VA4060,使异丁基油中间罐 V0408 液位维持在 50%

(4) 调节至正常

待预塔塔压稳定后,将 PIC4003 设置为自动
设定 PIC4003 为 0.03MPa
预塔塔压控制在 0.03MPa 左右
进料温度稳定在 72℃后,将 TIC4001 设置为自动
进料温度
将调节阀 FV4004 开至 50%
当 FIC4004 稳定在 16690kg/h,将 FIC4004 设置为自动
设定 FIC4004 为 16690kg/h
将 LIC4005 设为自动
设定 LIC4005 为 50%
将 FIC4004 设为串级
FIC4004 流量稳定在 16690kg/h
将调节阀 FV4002 开至 50%
当 FIC4002 稳定在 35176kg/h,将 FIC4002 设置为自动
设定 FIC4002 为 35176kg/h
将 LIC4001 设为自动
设定 LIC4001 为 50%
将 FIC4002 设为串级
预塔塔釜液位
FIC4002 流量稳定在 35176kg/h
将调节阀 FV4005 开至 50%
当 FIC4005 稳定在 11200kg/h,将 FIC4005 设置为自动
设定 FIC4005 为 11200kg/h
将 TIC4005 设为自动
设定 TIC4005 为 77.4℃

续表

将 FIC4005 设为串级
塔釜温度稳定在 77.4℃
FIC4005 流量稳定在 11200kg/h
加压塔压力控制在 0.7MPa
将 LIC4014 设为自动
设定 LIC4014 为 50%
将调节阀 FV4013 开至 50%
当 FIC4013 稳定在 37413kg/h,将 FIC4013 设置为自动
设定 FIC4013 为 37413kg/h
FIC4013 流量稳定在 37413kg/h
将调节阀 FV4007 开至 50%
当 FIC4007 稳定在 22747kg/h,将 FIC4007 设置为自动
设定 FIC4007 为 22747kg/h
将 LIC4011 设为自动
设定 LIC4011 为 50%
将 FIC4007 设为串级
加压塔塔釜液位
FIC4007 流量稳定在 22747kg/h
将调节阀 FV4014 开至 50%
当 FIC4014 稳定在 15000kg/h,将 FIC4014 设置为自动
设定 FIC4014 为 15000kg/h
将 TIC4027 设为自动
设定 TIC4027 为 134.8℃
将 FIC4014 设为串级
加压塔塔釜温度稳定在 134.8℃
FIC4005 流量稳定在 11200kg/h
将 LIC4024 设为自动
设定 LIC4024 为 50%
将调节阀 FV4022 开至 50%
当 FIC4022 稳定在 27621kg/h,将 FIC4022 设置为自动
设定 FIC4022 为 27621kg/h
FIC4022 流量稳定在 27621kg/h
将 LIC4021 设为自动
设定 LIC4021 为 50%
常压塔塔釜液位
将调节阀 FV4036 开至 50%
当 FIC4036 稳定在 135kg/h,将 FIC4036 设置为自动
设定 FIC4036 为 135kg/h
将 LIC4016 设为自动
设定 LIC4016 为 50%
将 FIC4036 设为串级
FIC4036 流量稳定在 135kg/h
将调节阀 FV4032 开至 50%
当 FIC4032 稳定在 1188kg/h,将 FIC4032 设置为自动
设定 FIC4032 为 1188kg/h
FIC4032 流量稳定在 1188kg/h
将调节阀 FV4035 开至 50%
当 FIC4035 稳定在 346kg/h,将 FIC4035 设置为自动
设定 FIC4035 为 346kg/h
将 LIC4031 设为自动
设定 LIC4031 为 50%

续表

回收压塔塔釜液位
FIC4035 流量稳定在 346kg/h
将调节阀 FV4031 开至 50%
当 FIC4031 稳定在 700kg/h,将 FIC4031 设置为自动
设定 FIC4031 为 700kg/h
将 TIC4065 设为自动
设定 TIC4065 为 107℃
将 FIC4031 设为串级
回收塔塔釜温度稳定在 107℃
FIC4031 流量稳定在 700kg/h

二、正常工况

精制工段正常工况是指本工段已完成冷态开车，但装置的处理量尚未达到要求（或设计）的负荷，部分工艺参数偏离指标要求，需要调节达到正常的过程。通过这部分的练习，学生应熟悉主要工艺指标，并能进行操作调节。

1. 预塔

位号	说　明	类型	正常值	工程单位
FR4001	D0401 进料量	AI	33201	kg/h
FR4003	D0401 脱盐水流量	AI	2300	kg/h
FIC4002	D0401 塔釜采出量控制	PID	35176	kg/h
FIC4004	D0401 塔顶回流量控制	PID	16690	kg/h
FIC4005	D0401 加热蒸汽量控制	PID	11200	kg/h
TIC4001	D0401 进料温度控制	PID	72	℃
TR4075	E0401 热侧出口温度	AI	95	℃
04TR002	D0401 塔顶温度	AI	73.9	℃
TR4003	D0401 Ⅰ与Ⅱ填料间温度	AI	75.5	℃
TR4004	D0401 Ⅱ与Ⅲ填料间温度	AI	76	℃
TR4005	D0401 塔釜温度控制	PID	77.4	℃
TR4007	E0403 出料温度	AI	70	℃
TR4010	D0401 回流液温度	AI	68.2	℃
PI4001	D0401 塔顶压力	AI	0.03	MPa
PIC4003	D0401 塔顶气相压力控制	PID	0.03	MPa
PI4002	D0401 塔釜压力	AI	0.038	MPa
PI4004	P0403A/B 出口压力	AI	1.27	MPa
PI4010	P0402A/B 出口压力	AI	0.49	MPa
LIC4005	V0403 液位控制	PID	50	%
LIC4001	D0401 塔釜液位控制	PID	50	%

2. 加压塔

位号	说　明	类型	正常值	工程单位
FIC4007	D0402 塔釜采出量控制	PID	22747	kg/h
FIC4013	D0402 塔顶回流量控制	PID	37413	kg/h
FIC4014	E0406B 蒸汽流量控制	PID	15000	kg/h
FR4011	D0402 塔顶采出量	AI	12430	kg/h
TR4021	D0402 进料温度	AI	116.2	℃

续表

位号	说　明	类型	正常值	工程单位
04TR022	D0402 塔顶温度	AI	128.1	℃
TR4023	D0402Ⅰ与Ⅱ填料间温度	AI	128.2	℃
TR4024	D0402Ⅱ与Ⅲ填料间温度	AI	128.4	℃
TR4025	D0402Ⅱ与Ⅲ填料间温度	AI	128.6	℃
TR4026	D0402Ⅱ与Ⅲ填料间温度	AI	132	℃
TIC4027	D0402 塔釜温度控制	PID	134.8	℃
TR4051	E0413 热侧出口温度	AI	127	℃
TR4032	D0402 回流液温度	AI	125	℃
TR4029	E0407 热侧出口温度	AI	40	℃
PI4005	D0402 塔顶压力	AI	0.70	MPa
PIC4007	D0402 塔顶气相压力控制	PID	0.65	MPa
PI4011	P0404A/B 出口压力	AI	1.18	MPa
PI4006	D0402 塔釜压力	AI	0.71	MPa
LIC4014	V0405 液位控制	PID	50	%
LIC4011	D0402 塔釜液位控制	PID	50	%

3. 常压塔

位号	说　明	类型	正常值	工程单位
FIC4022	D0403 塔顶回流量控制	PID	27621	kg/h
FR4021	D0403 塔顶采出量	AI	13950	kg/h
FIC4023	D0403 侧线采出异丁基油量控制	PID	658	kg/h
04TR041	D0403 塔顶温度	AI	66.6	℃
TR4042	D0403Ⅰ与Ⅱ填料间温度	AI	67	℃
TR4043	D0403Ⅱ与Ⅲ填料间温度	AI	67.7	℃
TR4044	D0403Ⅲ与Ⅳ填料间温度	AI	68.3	℃
TR4045	D0403Ⅳ与Ⅴ填料间温度	AI	69.1	℃
TR4046	D0403Ⅴ填料与塔盘间温度	AI	73.3	℃
TR4047	D0403 塔釜温度控制	AI	107	℃
TR4048	D0403 回流液温度	AI	50	℃
TR4049	E0409 热侧出口温度	AI	52	℃
TR4052	E0410 热侧出口温度	AI	40	℃
TR4053	E0409 入口温度	AI	66.6	℃
PI4008	D0403 塔顶压力	AI	0.01	MPa
PI4024	V0406 平衡管线压力	AI	0.01	MPa
PI4012	P0405A/B 出口压力	AI	0.64	MPa
PI4013	P0406A/B 出口压力	AI	0.54	MPa
PI4020	P0409A/B 出口压力	AI	0.32	MPa
PI4009	D0403 塔釜压力	AI	0.03	MPa
LIC4024	V0406 液位控制	PID	50	%
LIC4021	D0403 塔釜液位控制	PID	50	%

4. 回收塔

位号	说　明	类型	正常值	工程单位
FIC4032	D0404 塔顶回流量控制	PID	1188	kg/h
FIC4036	D0404 塔顶采出量	PID	135	kg/h
FIC4034	D0404 侧线采出异丁基油量控制	PID	175	kg/h

续表

位号	说　　明	类型	正常值	工程单位
FIC4031	E0414 蒸汽流量控制	PID	700	kg/h
FIC4035	D0404 塔釜采出量控制	PID	347	kg/h
TR4061	D0404 进料温度	PID	87.6	℃
04TR062	D0404 塔顶温度	AI	66.6	℃
TR4063	D0404 Ⅰ与Ⅱ填料间温度	AI	67.4	℃
TR4064	D0404 第Ⅱ层填料与塔盘间温度	AI	68.8	℃
TR4056	D0404 第 14 层与 15 层间温度	AI	89	℃
TR4055	D0404 第 10 层与 11 层间温度	AI	95	℃
TR4054	D0404 塔盘 6 层、7 层间温度	AI	106	℃
TR4065	D0404 塔釜温度控制	AI	107	℃
TR4066	D0404 回流液温度	AI	45	℃
TR4072	E0415 壳程出口温度	AI	47	℃
PI4021	D0404 塔顶压力	AI	0.01	MPa
PI4033	P0411A/B 出口压力	AI	0.44	MPa
PI4022	D0404 塔釜压力	AI	0.03	MPa
LIC4016	V0407 液位控制	PID	50	%
LIC4031	D0404 塔釜液位控制	PID	50	%

5. 报警说明

序号	模入点名称	模入点描述	报警类型
1	FR4001	预塔 D0401 进料量	LOW
2	FR4003	预塔 D0401 脱盐水流量	HI
3	FR4002	预塔 D0401 塔釜采出量	HI
4	FR4004	预塔 D0401 塔顶回流量	HI
5	FR4005	预塔 D0401 加热蒸汽量	HI
6	TR4001	预塔 D0401 进料温度	LOW
7	TR4075	E0401 热侧出口温度	LOW
8	TR4002	预塔 D0401 塔顶温度	HI
9	TR4003	预塔 D0401 Ⅰ与Ⅱ填料间温度	HI
10	TR4004	预塔 D0401 Ⅱ与Ⅲ填料间温度	HI
11	TR4005	预塔 D0401 塔釜温度	HI
12	TR4007	E0403 出料温度	HI
13	TR4010	预塔 D0401 回流液温度	HI
14	PI4001	预塔 D0401 塔顶压力	LOW
15	PI4010	预塔回流泵 P0402A/B 出口压力	LOW
16	LI4005	预塔回流罐 V0403 液位	HI
17	LI4001	预塔 D0401 塔釜液位	LOW
18	FR4007	加压塔 D0402 塔釜采出量	HI
19	FR4013	加压塔 D0402 塔顶回流量	HI
20	FR4014	加压塔转化气再沸器 E0406B 蒸汽流量	HI
21	FR4011	加压塔 D0402 塔顶采出量	LOW
22	TR4021	加压塔 D0402 进料温度	LOW
23	TR4022	加压塔 D0402 塔顶温度	HI
24	TR4026	加压塔 D0402 Ⅱ与Ⅲ填料间温度	HI
25	TR4051	加压塔二冷 E0413 热侧出口温度	HI
26	TR4032	加压塔 D0402 回流液温度	HI
27	PI4005	加压塔 D0402 塔顶压力	LOW
28	LI4014	加压塔回流罐 V0405 液位	HI

续表

序号	模入点名称	模入点描述	报警类型
29	LI4011	加压塔 D0402 塔釜液位	LOW
30	LI4027	转化器第二分离器 V0409 液位	HI
31	FR4022	常压塔 D0403 塔顶回流量控制	HI
32	FR4021	常压塔 D0403 塔顶采出量	LOW
33	FR4023	常压塔 D0403 侧线采出异丁基油量	HI
34	TR4041	常压塔 D0403 塔顶温度	HI
35	TR4045	常压塔 D0403Ⅳ与Ⅴ填料间温度	HI
36	TR4046	常压塔 D0403Ⅴ填料与塔盘间温度	HI
37	TR4047	常压塔 D0403 塔釜温度控制	HI
38	TR4048	常压塔 D0403 回流液温度	HI
39	TR4049	常压塔冷凝器 E0409 热侧出口温度	HI
40	TR4052	精甲醇冷却器 E0410 热侧出口温度	HI
41	TR4053	常压塔冷凝器 E0409 入口温度	HI
42	PI4008	常压塔 D0403 塔顶压力	LOW
43	PI4024	常压塔回流罐 V0406 平衡管线压力	LOW
44	LI4024	常压塔回流罐 V0406 液位控制	HI
45	LI4021	常压塔 D0403 塔釜液位控制	LOW
46	FR4032	回收塔 D0404 塔顶回流量控制	HI
47	FR4036	回收塔 D0404 塔顶采出量	LOW
48	FR4034	回收塔 D0404 侧线采出异丁基油量控制	HI
49	FR4031	回收塔再沸器 E0414 蒸汽流量控制	HI
50	FR4035	回收塔 D0404 塔釜采出量控制	HI
51	TR4061	回收塔 D0404 进料温度	LOW
52	TR4062	回收塔 D0404 塔顶温度	HI
53	TR4063	回收塔 D0404Ⅰ与Ⅱ填料间温度	HI
54	TR4064	回收塔 D0404 第Ⅱ层填料与塔盘间温度	HI
55	TR4056	回收塔 D0404 第 14 与 15 间温度	HI
56	TR4055	回收塔 D0404 第 10 与 11 间温度	HI
57	TR4054	回收塔 D0404 塔盘 6、7 间温度	HI
58	TR4065	回收塔 D0404 塔釜温度控制	HI
59	TR4066	回收塔 D0404 回流液温度	HI
60	TR4072	回收塔冷凝器 E0415 壳程出口温度	HI
61	PI4021	回收塔 D0404 塔顶压力	LOW
62	LI4016	回收塔回流罐 V0407 液位控制	HI
63	LI4031	回收塔 D0404 塔釜液位控制	LOW
64	LI4012	异丁基油中间罐 V0408 液位	HI

三、正常停车

精制工段正常停车是指依次停预塔、加压塔、常压塔、回收塔。首先减负荷，排出预塔塔釜产品，塔釜液位降至30%左右。停预塔进料，停蒸汽后，温度降低，塔釜产品质量下降，此时不能通过采出塔釜产品降低预塔液位，只能打开塔釜泄液阀排不合格产品来控制塔釜液位。停进料和再沸器后，由于塔内温度较高，回流罐中的液体全部通过回流泵打入塔，以降低塔内温度，当回流罐液位降至5%时，停回流，关闭回流调节阀及泄液阀，温度降至30℃时关闭冷凝器的冷凝水。其余各塔停车步骤类似。

本部分详细的步骤分析由读者自行完成。

1. 预塔停车

(1) 手动逐步关小进料阀 VA4001，使进料降至正常进料量的70%。

(2) 在降负荷过程中，尽量通过 FV4002 排出塔釜产品，使 LIC4001 降至 30%左右。
(3) 关闭调节阀 VA4001，停预塔进料。
(4) 关闭阀门 FV4005，停预塔再沸器的加热蒸汽。
(5) 手动关闭 FV4002，停止产品采出。
(6) 打开塔釜泄液阀 VA4012，排出不合格产品，并控制塔釜降低液位。
(7) 关闭脱盐水阀门 VA4005。
(8) 停进料和再沸器后，回流罐中的液体全部通过回流泵打入塔，以降低塔内温度。
(9) 当回流罐液位降至 5%，停回流，关闭调节阀 FV4004。
(10) 当塔釜液位降至 5%，关闭泄液阀 VA4012。
(11) 当塔压降至常压后，关闭 FV4003。
(12) 预塔温度降至 30℃左右时，关冷凝器冷凝水。

2. 加压塔停车

(1) 加压塔采出精甲醇 VA4052 改去粗甲醇贮槽 VA4053。
(2) 尽量通过 LV4014 排出回流罐中的液体产品，至回流罐液位 LIC4014 在 20%左右。
(3) 尽量通过 FV4007 排出塔釜产品，使 LIC4011 降至 30%左右。
(4) 关闭阀门 FV4014 和 TV4027，停加压塔再沸器的加热蒸汽。
(5) 手动关闭 LV4014 和 FV4007，停止产品采出。
(6) 打开塔釜泄液阀 VA4023，排出不合格产品，并控制塔釜降低液位。
(7) 停进料和再沸器后，回流罐中的液体全部通过回流泵打入塔，以降低塔内温度。
(8) 当回流罐液位降至 5%，停回流，关闭调节阀 FV4013。
(9) 当塔釜液位降至 5%，关闭泄液阀 VA4023。
(10) 当塔压降至常压后，关闭 PV4007。
(11) 加压塔温度降至 30℃左右时，关冷凝器冷凝水。

3. 常压塔停车

(1) 常压塔采出精甲醇 VA4054 改去粗甲醇贮槽 VA4055。
(2) 尽量通过 FV4024 排出回流罐中的液体产品，至回流罐液位 LIC4024 在 20%左右。
(3) 尽量通过 FV4021 排出塔釜产品，使 LIC4021 降至 30%左右。
(4) 手动关闭 FV4024，停止产品采出。
(5) 打开塔釜泄液阀 VA4035，排不合格产品，并控制塔釜降低液位。
(6) 停进料和再沸器后，回流罐中的液体全部通过回流泵打入塔，以降低塔内温度。
(7) 当回流罐液位降至 5%，停回流，关闭调节阀 FV4022。
(8) 当塔釜液位降至 5%，关闭泄液阀 VA4035。
(9) 当塔压降至常压后，关闭 HV4001。
(10) 关闭侧线采出阀 FV4023。
(11) 常压塔温度降至 30℃左右时，关冷凝器冷凝水。

4. 回收塔停车

(1) 回收塔采出精甲醇 VA4056 改去粗甲醇贮槽 VA4057。
(2) 尽量通过 FV4036 排出回流罐中的液体产品，至回流罐液位 LIC4016 在 20%左右。
(3) 尽量通过 FV4035 排出塔釜产品，使 LIC4031 降至 30%左右。
(4) 手动关闭 FV4036 和 FV4035，停止产品采出。

(5) 停进料和再沸器后，回流罐中的液体全部通过回流泵打入塔，以降低塔内温度。

(6) 当回流罐液位降至5%，停回流，关闭调节阀FV4032。

(7) 当塔釜液位降至5%，关闭泄液阀FV4035。

(8) 当塔压降至常压后，关闭VA4046。

(9) 关闭侧线采出阀FV4034。

(10) 回收塔温度降至30℃左右时，关冷凝器冷凝水。

(11) 关闭FV4021。

备注：工厂实际停车步骤大都是首先关预塔、加压塔、回收塔的加热蒸汽，切断加热蒸汽后整个精制系统从安全角度说基本就没有超温、超压的问题了。

附：精制工段正常停车操作步骤

(1) 预塔停车

手动逐步关小进料阀VA4001，使进料降至正常进料量的70%
关闭计量泵P0410出口阀VD4066
停泵P0410
关闭计量泵P0410入口阀VD4065
断开LIC4001和FIC4002的串级，手动开大FV4002，使液位LIC4001降至30%
停预塔进料，关闭调节阀VA4001
停预塔加热蒸汽，关闭阀门FV4005
关闭加压塔进料泵出口阀VD4004
停泵P0403A
关泵入口阀VD4003
手动关闭FV4002
打开塔釜泄液阀VA4012，排出不合格产品
关闭脱盐水阀门VA4005
断开LIC4005和FIC4004的串级，手动开大FV4004，将回流罐内液体全部打入精馏塔，以降低塔内温度
当回流罐液位降至<5%，停回流，关闭调节阀FV4004
关闭泵出口阀VD4005
停泵P0402A
关闭泵入口阀VD4006
当塔压降至常压后，关闭FV4003
预塔温度降至30℃左右时，关冷凝器冷凝水
关VA4008
当塔釜液位降至0%，关闭泄液阀VA4012

(2) 加压塔停车

关闭精甲醇采出阀VA4052
打开粗甲醇阀VA4053
手动开大LV4014，使液位LIC4014降至20%
手动关闭LV4014
停加压塔加热蒸汽，关闭阀门FV4014
关闭阀门TV4027
断开LIC4011和FIC4007的串级，手动关闭FV4007
打开塔釜泄液阀VA4023，排出不合格产品
手动开大FV4013，将回流罐内液体全部打入精馏塔，以降低塔内温度
当回流罐液位降至<5%，停回流，关闭调节阀FV4013
关闭泵出口阀VD4009
停泵P0404A
关闭泵入口阀VD4010

续表

塔釜液位降至5%左右，开大PV4007进行降压
当塔压降至常压后，关闭PV4007
加压塔温度降至30℃左右时，关冷凝器冷凝水
关VA4021
当塔釜液位降至0后，关闭泄液阀VA4023

（3）常压塔停车

关闭精甲醇采出阀VA4054
打开粗甲醇阀VA4055
手动开大FV4024，使液位LIC4024降至20%
手动开大FV4021，使液位LIC4021降至30%
手动关闭FV4024
打开塔釜泄液阀VA4035，排出不合格产品
手动开大FV4022，将回流罐内液体全部打入精馏塔，以降低塔内温度
当回流罐液位降至<5%，停回流，关闭调节阀FV4022
关闭泵出口阀VD4013
停泵P0405A
关闭泵入口阀VD4014
关闭测采产品出口阀FV4023
关闭阀VD4029
关阀VD4030
关阀VD4031
关阀VD4032
关闭回收塔进料泵P0406A的出口阀VD4018
停泵P0406A
关闭泵入口阀VD4017
当塔压降至常压后，关闭HV4001
常压塔温度降至30℃左右时，关冷凝器冷凝水
关VA4026
关VA4033
当塔釜液位降至0%后，关闭泄液阀VA4035
关闭阀VA4051

（4）回收塔停车

关闭精甲醇采出阀VA4056
打开粗甲醇阀VA4057
关闭回收塔进料阀VD4033
关VD4034
关VD4035
关VD4036
停回收塔加热蒸汽阀FV4031
断开LIC4016和FIC4036的串级，手动开大FV4036，使液位LIC4016降至20%
手动开大FV4035，使液位LIC4031降至30%
手动关闭FV4036
手动开大FV4032，将回流罐内液体全部打入精馏塔，以降低塔内温度
当回流罐液位降至<5%，停回流，关闭调节阀FV4032
关闭泵出口阀VD4025
停泵P0411A
关闭泵入口阀VD4026
关闭测采产品出口阀FV4034

续表

关闭阀 VD4038
关闭阀 VD4039
关闭阀 VD4040
关闭阀 VD4041
关闭阀 VD4042
当塔压降至常压后，关闭 VA4046
回收塔温度降至 30℃左右时，关冷凝器冷凝水
当塔釜液位降至 0%后，关闭污水阀 FV4035
关闭釜底废液泵 P0409A 的出口阀 VD4022
停泵 P0409A
关闭入口阀 VD4021
手动关闭 FV4021

第五节 操作常见问题及原因分析

甲醇精制工段主要涉及的参数控制如下。

(1) 质量调节　本系统的质量调节采用以提馏段灵敏板温度作为主参数，以再沸器和加热蒸汽流量为调节系统，以实现对塔的分离质量控制。

备注： 精甲醇质量调节从工厂实际情况来看，主要是控制合适的回流比（回流量和采出量的比值），一般不低于 2，如果过高的话对甲醇质量没有影响，但能耗大，不经济。

(2) 压力控制　在正常的压力情况下，由塔顶冷凝器的冷却水量来调节压力，当压力高于操作压力时，压力报警系统发出报警信号。

(3) 液位调节　塔釜液位由调节塔釜的产品采出量来维持恒定。设有高低液位报警。回流罐液位由调节塔顶产品采出量来维持恒定。设有高低液位报警。

(4) 流量调节　进料量和回流量都采用单回路的流量控制；再沸器加热介质流量，由灵敏板温度调节。

在实际仿真操作中，围绕上述参数控制出现了一些较为普遍和代表性的问题，略举几例，见表 3-1，其余由读者自行分析解决。

表 3-1　常见问题分析与处理

问题及现象	原因分析	解决措施
1. 预塔塔底无液位	(1)粗甲醇进料量小 (2)采出量大 (3)蒸汽量过大	(1)适当增大粗甲醇进料阀 VA4001 (2)适当减小塔釜出料 FV4002 阀门 (3)适当减小蒸汽阀门 FV4005
2. 加压塔淹塔	(1)加压塔进料量大 (2)采出量小，去常压塔的 FV4007 阀门开度太小 (3)加压塔底再沸器温度低	(1)适当减小阀门 FV4002 的开度 (2)增大 FV4007 阀门开度 (3)一般采用转化气加热，不能满足工艺要求可以打开蒸汽阀门 FV4014
3. 加压、常压塔塔底温度低	(1)进料量太大 (2)回流量太大 (3)再沸器加热蒸汽量不足	(1)适当减小进料量 (2)适当减小回流量 (3)适当增大加热蒸汽量
4. 加压塔底压力低	(1)蒸汽量小 (2)不凝气放空阀 PV4007 常开 (3)冷凝水量过大	(1)增大蒸汽阀门开度，提高加压塔温度 (2)关闭放空阀 PV4007 (3)冷凝水阀门 VA4018 开度减小

续表

问题及现象	原因分析	解决措施
5. 预塔冷凝器无液位	(1)预塔温度低,塔顶无产品 (2)预塔冷凝器冷凝水开度过小 (3)放空阀 VA4007 打开	(1)增大预塔再沸器蒸汽 FV4005 阀门开度 (2)全开 VA4006 (3)关闭放空阀 VA4007

第六节 精制操作实用技术问答

1. 液相负荷的大小对精馏塔的影响有哪些？

液相负荷过大或过小都会影响塔的正常操作。液相负荷过小，塔板上不能建立足够高的液层，气液相之间的接触时间减少，会影响塔板的效率，严重时会出现干板现象；液相负荷过大，会造成降液管内的流量超过限度，严重时以至整个塔盘空间里充满了液体，亦即出现液泛现象，使操作无法进行。另外，液相负荷过大，还可能使精馏釜的温度降低，影响到气体负荷的大小。

2. 仪表的串级调节如何切换？

(1) 将主调节器切向“手动”。

(2) 调节主调节器的手操拨盘。

(3) 主调节器的参数调至预定的位置上。

(4) 将副调节器切向“手动”。

(5) 副调节器的参数调至预定的位置上。

3. 正常生产时，影响精馏塔操作压力的主要因素有哪些？

(1) 精馏塔的回流量。

(2) 精馏塔的入料量。

(3) 精馏塔再沸器加热蒸汽量。

(4) 精馏塔入料组分。

(5) 回流槽的压力。

4. 正常生产时，精馏塔釜温度升高的主要因素有哪些？

(1) 加热蒸汽量过大。

(2) 回流量小。

(3) 塔釜液位过低。

(4) 塔顶冷凝器冷却剂量小，回流温度高。

5. 正常生产时，影响精馏塔顶温度的主要因素有哪些？

(1) 回流量。

(2) 回流温度。

(3) 精馏塔再沸器加热蒸汽量。

(4) 精馏塔操作压力。

6. 在甲醇精馏中，提高粗甲醇的水分，工艺参数有何变化？

(1) 塔釜液位上升。

(2) 塔釜温度上升。

(3) 塔顶压力下降。

7. 在实际生产中怎样调节回流比？

(1) 塔顶产品中重组分含量增加，质量下降，要适当增大回流比。

(2) 塔的负荷过低，为了保证塔内一定的上升蒸汽应适当增加回流比。

(3) 当精馏段的轻组分下到提馏段造成塔下部温度降低时可以适当减少回流比的方法将釜温相对提高。

8. 在实际生产中，提高回流槽的压力，对精馏塔操作有哪些影响？

(1) 塔内上升汽相量下降。

(2) 塔内下降液相量增加。

(3) 塔顶压力上升。

(4) 塔内纵向温度升高。

(5) 塔顶采出液重组分含量下降，塔釜馏出液轻组分含量上升。

9. 在实际生产中，提高回流槽的液位，对精馏塔操作有哪些影响？

(1) 塔顶采出产品合格时，没有明显影响。

(2) 塔顶采出产品不合格时，会造成调整时间延长。

练　习　题

1. 为什么采用三塔精馏加回收塔工艺？有何优点？
2. 请指出三塔精馏加回收塔工艺中节能体现在哪些方面？
3. 串级操作的原理是什么？请指出哪些地方使用了串级的操作？
4. 预塔冷凝器为什么要补充脱盐水？
5. 预塔塔釜液位如何控制？
6. 各塔的温度和压力如何控制？

事故及处理

(1) 回流控制阀 FV4004 阀卡

事故现象：冷凝回流量减小，塔顶温度、压力升高，回流罐液位超高。

事故处理：

将 FIC4004 设为手动模式
打开旁通阀 VA4009，保持回流
预塔塔顶温度 73.9℃
预塔塔釜温度 77.4℃
回流罐液位 50%
V0403 回流量 16690kg/h

(2) 回流泵 P0402A 泵坏

事故现象：回流中断，回流罐液位升高，塔顶温度、压力升高。

事故处理：

开备用泵入口阀 VD4008
启动备用泵 P0402B
开备用泵出口阀 VD4007

续表

关泵出口阀 VD4005
停泵 P0402A
关泵入口阀 VD4006
塔顶温度 73.9℃
塔釜液位 50%

(3) 回流罐 V0403 液位超高

事故现象：V0403 液位超高，塔温度下降。

事故处理：

打开泵 P0402B 前阀 VD4008
启动泵 P0402B
打开泵 P0402B 后阀 VD4007
将 FC4004 设为手动模式
当 V0403 液位接近正常液位时，关闭泵 P0402B 后阀 VD4007
关闭泵 P0402B
关闭泵 P0402B 前阀 VD4008
及时调整阀 FV4004，使 FIC4004 流量稳定在 16690kg/h 左右
回流罐液位 LIC4005 稳定在 50%
LIC4005 稳定在 50%后，将 FIC4004 设为串级

拓展二：工厂操作实例

一、正常操作

(1) 注意检查精甲醇计量槽的液位，发现液位高则应及时将采出精甲醇倒到另一个槽，然后通知分析人员取样分析，一旦合格则启动精甲醇泵将精甲醇送往甲醇库；不合格则送回粗甲醇储槽并及时对系统进行调整。

(2) 每小时按时检查运转机泵的运行情况，检查其有无异响、异味、运转部件温度是否正常；检查润滑油油位、油质是否正常；机械密封冷却系统是否正常。

(3) 正常生产时首先要保证加压精馏塔、常压精馏塔、预蒸馏塔、加压塔回流槽、常压塔回流槽、预塔回流槽的液位稳定，同时要注意保持预蒸馏塔、加压精馏塔的温度的稳定。

(4) 要注意监测预蒸馏塔底甲醇液的 pH 值，低于指标值应及时增加碱液加入量，以免粗甲醇中的有机酸腐蚀设备；过高则应减少碱液加入量。

(5) 注意检查常压塔水封槽水封，水位不够时及时补充。

(6) 注意粗甲醇储槽、精甲醇计量槽的氮气补充，以保证生产和设备的安全；在高温和有太阳直射的天气时注意开喷淋水对槽罐降温，以免甲醇损失。

二、紧急停车

如遇突然停电、停仪表空气、停循环冷却水；或生产界区内发生火灾、爆炸等事件时系统按紧急停车处理。

(1) 关闭预塔再沸器 E0402、加压塔再沸器 E0406B、回收塔再沸器 E0414 的蒸汽加入控制阀FIC4005、FIC4014、FV4031，停止向系统加入蒸汽。

（2）将精甲醇采出改去粗甲醇储槽。

（3）停P0402A/B、P0403A/B、P0404A/B、J0404A/B、P0405A/B、P0406A/B、P0409A/B、P04011A/B；关常压塔液封槽脱盐水补水阀，杂醇油侧线采出阀。

（4）打开预蒸馏塔、加压精馏塔、常压精馏塔、甲醇回收塔系统的氮气补充阀，对系统进行充氮保护。

三、异常现象分析与处理

1. 采出精甲醇含水量不合格（多见于常压塔）

（1）检查

① 整个常压塔塔内介质温度是否偏高；

② 比值调节阀比值是否控制过小（<2）；

③ 预塔塔底温度是否偏高；

④ 常压塔塔顶冷凝器冷却水是否开得过小，开车时是否排过不凝气；

⑤ 常压塔回流量与进料量之比是否过小。

（2）处理

① 精甲醇采出改去粗甲醇储槽；

② 调整比值调节器的比值暂为稳定操作；

③ 适量减少蒸汽加入量；

④ 调整常压塔塔顶冷凝器冷却水加入量，并将冷凝器内的不凝气排尽；

⑤ 适量降低预塔底部温度；

⑥ 适量降低常压塔进料量。

2. 常压塔含醇废水不合格

（1）检查

① 常压塔塔底温度是否偏低；

② 回流比是否过大；

③ 常压塔进料量是否过大；

④ 常压塔塔底液位是否偏高。

（2）处理

① 适量减小回流比；

② 适量减小常压塔进料量；

③ 适量采出常压塔底部塔板上的杂醇。

3. 运转的机泵的不正常现象及处理

（1）现象

① 泵打不上压；

② 泵电机温度很高，甚至有冒烟现象；

③ 轴端填料或机械密封泄漏；

④ 其他机械故障。

（2）处理

① 对于第一种情况，先打开泵出口压力表考克排气，无效时，检查泵进口温度是否偏高，泵上游储槽、塔的液位是否已抽空，泵的进口过滤器是否堵塞。如泵抽空，则视情况可

停泵，建立上游液位后再启动泵，如泵进口堵塞或泵体温度高，则做倒泵处理，并将停运泵残液排尽后交钳工处理，清洗进口过滤器。

② 对于第二种情况，作倒泵处理，通知电器人员对泵检查处理。

③ 对于第三种情况，通知钳工紧填料，如紧不住，泄漏量大时，倒泵处理，由钳工更换填料。

④ 对于第四种情况，倒泵处理；事故泵残液排尽后，交钳工处理。

参 考 文 献

[1] 张子锋，张凡军著．甲醇生产技术．北京：化学工业出版社，2007.

[2] 付长亮，张爱民著．现代煤化工生产技术．北京：化学工业出版社，2009.

[3] 梁凤凯，陈学梅著．有机化工生产技术．北京：化学工业出版社，2010.

[4] 中国石油化工集团公司职业技能鉴定指导中心编．甲醇装置操作工．北京：中国石化出版社，2006.